U0159133

远 见 成 就 未 来

GROUP

建 投 书 店 投 资 有 限 公 司

More than books

STEM 英国科学经典读物

THE SECRET LIFE OF
THE PERIODIC TABLE

化学的奥秘

破解元素周期表的密码

[英] 本·斯蒂尔 著

徐彬 译

中国出版集团

中译出版社

图书在版编目（CIP）数据

化学的奥秘 / (英) 本·斯蒂尔 (Ben Still) 著；
徐彬译. -- 北京：中译出版社, 2020.5
　　ISBN 978-7-5001-6269-8

　　Ⅰ.①化… Ⅱ.①本…②徐… Ⅲ.①化学—普及读
物 Ⅳ.①O6-49

中国版本图书馆CIP数据核字(2020)第061225号

The Secret Life of the PERIODIC TABLE

First published in Great Britain in 2016 by Cassell, an imprint of Octopus Publishing Group Ltd

Carmelite House50 Victoria Embankment London EC4Y 0DZ

Text copyright © Dr Ben Still 2016

Design & layout copyright © Octopus Publishing Group Ltd 2016

Edited and designed by Susanna Geoghegan Gift Publishing

All rights reserved.

Dr Ben Still asserts the moral right to be identified as the author of this work

版权登记号：01-2019-7370

化学的奥秘

出版发行：中译出版社

地　　址：北京市西城区车公庄大街甲 4 号物华大厦六层

电　　话：（010）68359101；68359303（发行部）；
　　　　　　68357328；53601537（编辑部）

邮　　编：100044

电子邮箱：book@ctph.com.cn

网　　址：http://www.ctph.com.cn

出 版 人：张高里

特约编辑：任月园　冯丽媛

责任编辑：郭宇佳

封面设计：今亮后声·王秋萍　胡振宇

排　　版：壹原视觉

印　　刷：山东临沂新华印刷物流集团有限责任公司

经　　销：新华书店

规　　格：710 毫米 ×880 毫米　1/16

印　　张：20

字　　数：155 千字

版　　次：2020 年 5 月第 1 版

印　　次：2020 年 5 月第 1 次

ISBN 978-7-5001-6269-8　　　　　　定价：78.80 元

序 言

> 人类是喜欢寻找模式、讲述故事的动物。我们非常擅长讲述关于模式的故事，不论这些模式存在与否。
>
> ——迈克尔·舍默（Michael Shermer）

"你是个聪明孩子，但你不懂常识！"我小时候，经常会听到母亲这样说。现在我明白了，对于一名科学家来说，懂常识并非一件坏事。如母亲所说，常识是"我们经历过的事物最可能的解释"。这就是我们的进化方式，即无意识地对自身的处境作出反应，并以此衡量我们生存的世界。

常识随着人类的发展而发展，其演变过程取决于自然选择。那些能够增加机会、让人类长期过上丰裕生活的反应，会使人类存续的时间得以延长、资源得以再生产。随后，这些反应和思考的方式会深植于下一代人的心中。而对周围的环境作出拙劣预判的群体，往往寿命较短，也难以让下一代受益。

人类与熊

人类的祖先在睡梦中会被嘈杂声吵醒。当附近灌木丛的叶子发出沙沙的响声时，有风的概率比有熊的概率大很多。祖先们理性地分析了这两种可能性，认为这扰人的声音极有可能是风发出的，然后继续睡觉去了；但是万一他们错了呢？万一沙沙声其实是一头熊发出的呢？他们很有可能被熊吃掉，再无可能繁衍下去。如果他们认为这种奇怪的沙沙声是熊发出来的，就会起身出去确定一下，这样存活下来的机会就更大了。个体存活的时间越长，繁衍后代并传递正确的

思维方式的可能性也就越大。

当这两种情况都存在时，祖先们往往更倾向于不太可能发生的模式，尽管在大多数情况下是错的，但最大限度地确保了生存。自然选择有利于动物的生存，因为动物在对自然的体验中总是强调不合逻辑的模式，认为这些模式对生存至关重要。人类，作为地球上自然选择的最高级动物，是寻求模式的个体，哪怕这种模式通常带有偏见。

↑ 过于倚重逻辑的祖先更容易成为熊口中的美餐。

寻找原因

"这种寻找力能以可以种多同不式方现呈。研表究明，语言的序顺并不定一能影阅响读，因为类人的脑大不并照按字汉个逐读阅，而是照按语词读阅。即换调邻相或隔相个一字的个

↑ 你觉得这些线条是笔直的吗，还是你的大脑正在寻找并不存在的模式？

两字汉，我的们脑大会就找寻式模，补填余剩地的方。"[1]

大脑能够把观察到的事物跟常识匹配起来，因而我们也会由此产生偏见。要想感知真实的世界，我们必须把自己所看到的模式和其他人的模式进行对比，从而消除偏见。这，也是科学方法的核心。

关于本书

本书讲述了人类寻求模式过程中完成的一项伟大成就：元素周期表。要想理解周期表的构造，需要从欧洲思想家们阅读古代著作获得的经验教训开始，再去看看欧洲中世纪炼金术士在自然中寻求联系、最终诞生了化学实验的过程。随着世界上各种元素不断被发现，新模式不断形成，许多人根据不同标准，尝试对元素分类。接下来，我们了解一下德米特里·门捷列夫（Dmitri Mendeleev）的天才之举，以及他的成就与先前的学者有何不同。

我们深入到原子层面去探究每个元素的行为方式。原子结构以及现代量子、原子的发现，让人们对原子的行为方式和原子在周期表中的位置有了基本了解。

本书其余部分详细地讲解了每个元素，涉及它们的行为方式及由此产生的用途、元素发现的过程等。在讲述完118个故事之后，本书在结尾部分讨论了元素周期表未来的发展，以及发现更多元素的可能性。

元素周期表是基于数世纪以来人类对不同自然见解的比较而得出的，它不仅证明了科学方法，也证明了人类进化出的识别灌木丛中熊的能力。

---

1 这里作者有意乱序排列。

目 录

从模式和周期建立元素周期表

　　17 世纪前半期，一些有关世界万物的革命性的思想席卷欧洲。在阿拉伯世界的图书馆里，人们重新发现了失传已久的古希腊和古罗马的经典著作。新一代的欧洲思想家得以重温亚里士多德（Aristotle）、柏拉图（Plato）以及其他许多人有关自然哲学的思考。而且，由于当时有了活字印刷机，此类文本变得易于获取。这个时代，经典被重新发现，文艺得以复兴，科学革命肇始。

从炼金术到科学

　　当时的自然哲学家把我们如今视作科学思想的内容与神学（宗教）以及形而上学（有关存在的思想）联系在一起。出于不同的目的，他们努力地寻找隐含在世界中的联系，不论是物质的还是精神的。有些人研究"魔术"——不同于现在的魔术，它是科学的前身，意在了解世界万物的联系，以便将其付诸应用。炼金术士就是这样的一群人：自中世纪起就有炼金术士，他们的目的不仅是要找到物体之间的联系，还要将物体变得纯净、完美。当时，许多炼金术士都抱着一个实用性的目的，即找到一种能够将普通的金属——比如铅和水银——变成黄金的东西。亨尼格·布兰德（Hennig Brand）就希望找到这种"魔法石"，他把自己的和两个老婆的钱财都投入到了寻找这种神秘物质的工作中。自古以来就有人尝试这么做，但布兰德决定使用一些非常现代的方法进行探索。他用人的尿液做实验，通过加热、蒸馏，再把得到的残渣混合起来，得到了一种发光的白色物质。不知不觉

间，他成了第一个通过化学方法发现新元素的人。他将这种发光的白色物质称作"磷"。

现代化学和元素

随着时间的推移，科学革命的步伐不断加快。很多独特性的化学物质被人们发现，并被科学家拿来作对比、分析。1661 年，出生于爱尔兰的自然科学家罗伯特·波义耳（Robert Boyle）撰写了《怀疑派化学家》（*The Sceptical Chymist*），这部作品被视作奠定了现代化学的基础。波义耳摒弃了亚里士多德认为万物是由土、气、火和水四种元素构成的观点。他在书中阐述了这样的科学观点：化学元素是"完全未混合的物质……不由任何其他物质构成"。他接下来却说，在已知的物质中，尚不存在任何"完美的未混合

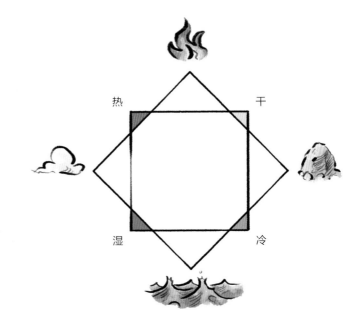

← 1771 年，画家约瑟夫·莱特（Joseph Wright）所作的版画，描绘了 1669 年德国炼金术士亨尼格·布兰德发现磷的场景。

→ 亚里士多德认为世界万物是由土、气、火和水四种古老的元素构成。这些元素与四种特质有关，分别是：热、冷、干、湿。

的物质"，就连金、银、铅、硫、碳等都不是。波义耳的这一定义虽然简单，但是这种说法一直延续了两个多世纪，直到亚原子粒子被发现。

在接下来的几年里，人们通过化学实验找到了越来越多看似基础的物质。不论使用什么科学手段，这些物质似乎都无法继续被还原或分离。经过仔细的观察，人们发现有一些元素在相同的实验中会有相似的反应，但是在其他实验中它们的反应又迥然不同。人类一贯就喜欢在大自然中寻找模式。于是，许多科学家开始尝试寻找结果背后的原因。

开始步入正轨

1789 年，法国贵族安托万-洛朗·德·拉瓦锡（Antoine-Laurent de Lavoisier）写下了《化学基本论述》（Traité Élémen-taire de Chimie）一书。拉瓦锡定义了大量的"简单物质……被认为可能是组成身体的元素"，并且进一步将其分成金属（metallic）物质和非金属（non-metallic）物质（"metal"和"metallic"这两个单词源自希腊和罗马单词 métallon 和 metallum，表示一种矿物，因为这些物质是通过采矿或采石从地下提取出来的）。这部著作根据元素在某些化学反应里的结果，首次对元素进行了分组。

1817 年，德国化学家约翰·沃尔夫冈·德贝莱纳（Johann Wolfgang Döbereiner）将一些已知的化学元素每三个分为一组，并将其称作"三元素组"。三元素组里的化学元素有相似的性质，中间元素的原子量为另外二者之和的平均值。这个模型在理论上可靠，但对其他大量元素并不适用。

到 1860 年，在约 60 种已知元素里，法国地质学家贝吉耶·德·尚古尔多阿（Béguyer de Chancourtois）发现了重复出现的模式。他按照原子量由小到大的顺序，把元素放在螺

每个三元素组中，预测的和实际的中间原子量

元素 1 原子量	元素 2 实际原子量 元素 1 和 3 的均值	元素 3 原子量
锂 6.9	钠 23.0 23.0	钾 39.1
钙 40.1	锶 88.7 87.6	钡 137.3
氯 35.5	溴 81.2 79.9	碘 126.9
硫 32.1	硒 79.9 79.0	碲 127.6
碳 12.0	氮 14.0 14.0	氧 16.0
铁 55.8	钴 57.3 58.9	镍 58.7

↑ 此表展示了约翰·沃尔夫冈·德贝莱纳提出的三元素组：他用三元素组预测了中间元素的原子量，为其他二者之和的平均值。中间一列上面的数是预测值，下面的数是测量值，二者很相近。

旋结构（绕着圆柱体上升的螺旋线）上。他发现，化学性质相近的元素都出现在一条母线上。元素性质的周期重复性是一项重大发现，不过贝吉耶的认识在当时并未引起化学家的重视。他在 1862 年的论文中使用了地质学术语，而非化学术语，且出版之时并未借用图表来解释这一绝妙的想法。因此，人们并未意识到他的天才之处。直到大约 7 年以后，德米特里·门捷列夫发表了超越这一模型的结论。

音乐与化学

一方面是贝吉耶的默默无闻，另一方面，约翰·纽兰兹（John Newlands）正在潜心研究自己的分类方法。和贝吉耶一样，纽兰兹也注意到了元素的周期性，他提出，从任意一个元素算起，第八个元素是第一个元素的重复，就好比音乐里八度音阶的八分音符。1864 年，纽兰兹对 62 种已知元素进行了分类，并首次使用了"周期性"（periodicity）这一术语，来描述化学性质重复这一现象。同年，纽兰兹成为第一位给每个元素设立原子序数的人，一年后，他把这个方法命名为"八音律"。最值得一提的是，这个新的分类系统的预测能力——这正是所有科学模型的重要性质之一。纽兰兹的周期表还有空缺，这代表可能还有未知的、尚没被发现的元素。后来，他的绝大多数建议都遭到冷落，被认为是不正确的，但他确实预测了当时在硅和锡之间缺少的元素，该元素于 1886 年被发现。

纽兰兹的诸多发现都领先于当时的时代，却遭到了同僚的嘲笑，化学学会也未像往常那样发表根据他演讲内容撰写的文章。很可能是当时的化学学会秘书长威廉·奥德林（William Odling）施加了障碍，他当时也在研究一种元素分类法，从而萌生了拒绝出版纽兰兹文章的想法。直到 1887

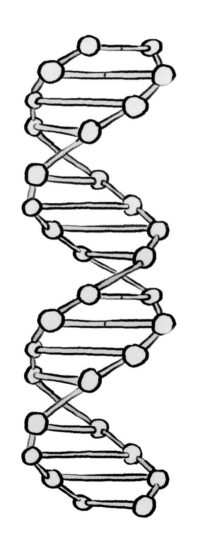

↑ 1862 年，法国地质学家贝吉耶对元素进行了螺旋排列。

从模式和周期建立元素周期表

年，化学学会才承认了纽兰兹的贡献；2008年，化学学会表彰他为"化学元素周期律发现者"，并在他出生的房子前挂上了一块镶刻着上述字样的蓝色牌匾。

奥德林的研究工作也领先于当时的时代。他把每七个元素作为一个重复的单位。尽管碘的原子量比碲小，奥德林还是正确地把碘排在了碲的后面——德米特里·门捷列夫第一次尝试时便排错了。奥德林还正确地分组了铅、汞和铂，这也是同时代其他人所忽略之处。不过，由于奥德林坚决地反对纽兰兹，他本人的成就并没有得到认可。

英国、法国和德国科学家为现代元素周期表的确立奠定了基础。如果没有他们敏锐的眼睛和寻找模式的能力，德米特里·门捷列夫就不会把其想法确定下来，整合成我们今天所看到的元素周期表了。

← 英国化学家约翰·纽兰兹的"八音律"，把元素重复的模式比作音乐的八度音阶。

化学的奥秘

门捷列夫与现代元素周期表

现代化学之梦

　　德米特里·门捷列夫出生于荒凉的西伯利亚地区，家中有许多兄弟姐妹，他是最小的一个（据不同的资料记载，他有 11、13、14 或 17 个兄弟姐妹）。门捷列夫在 13 岁时就失去了父亲，家中的企业也因为一场火灾而损失惨重，年轻的他为了接受更高等的教育，跟着母亲在俄国东奔西走。门捷列夫拒绝了莫斯科的一所大学，转而去往父亲曾在圣彼得堡就读过的大学求学。他的贫困家庭也随之迁往圣彼得堡。

　　门捷列夫完成学业后，不幸染上了肺结核。人们口口相传克里米亚的水源有着治愈疾病的能力，他遂迁往克里米亚，成为一名科学教师。1857 年，完全康复的门捷列夫回到圣彼得堡，并在 10 年后结了婚、获得了博士学位，还拿到了终身教职。

元素之梦

　　门捷列夫在大学任教期间，写下了当时最权威的化学教材：《化学原理》（*Principles of Chemistry*，1868—1870）。据说，他在撰写这本教材的时候，曾在梦里设想出了周期表："我在梦里看到了一个表，所有必需的元素都依序填到了表里。醒来后，我立刻把它写到纸上，只有一个地方需要改正。"不管这是真的还是夸大其词，门捷列夫通过撰写这本书，尝试根据元素的化学性质对其分类。1869 年，门捷列夫把他

← 现代元素周期表之父 ——德米特里·门捷
列夫。

对元素排序和分类的想法提交给了俄国化学学会。

　　门捷列夫在未了解英国、法国和德国化学家研究成果的情况下，其研究不仅包含了前期的所有成果，还有了新拓展。他首次提出，元素按照原子质量排列时，其性质会出现周期重复。他的周期表也有着强大的预测能力，是一个十分绝妙的科学模型。这个表不仅能够预测新元素的存在，还能预测如何发现它们以及元素会如何与其他化学物质发生反应，这也是发现元素的关键。

ОПЫТЪ СИСТЕМЫ ЭЛЕМЕНТОВЪ.

ОСНОВАННОЙ НА ИХЪ АТОМНОМЪ ВѢСѢ И ХИМИЧЕСКОМЪ СХОДСТВѢ.

```
                          Ti = 50    Zr = 90    ? = 180.
                          V = 51     Nb = 94    Ta = 182.
                          Cr = 52    Mo = 96    W = 186.
                          Mn = 55    Rh = 104,4  Pt = 197,4.
                          Fe = 56    Rn = 104,4  Ir = 198.
                        Ni = Co = 59  Pl = 106,6  O = 199.
        H = 1             Cu = 63,4   Ag = 108   Hg = 200.
              Be = 9,4 Mg = 24  Zn = 65,2  Cd = 112
              B = 11   Al = 27,4  ? = 68    Ur = 116   Au = 197?
              C = 12   Si = 28   ? = 70    Sn = 118
              N = 14   P = 31    As = 75   Sb = 122   Bi = 210?
              O = 16   S = 32    Se = 79,4  Te = 128?
              F = 19   Cl = 35,6 Br = 80    I = 127
        Li = 7 Na = 23  K = 39   Rb = 85,4  Cs = 133   Tl = 204.
                        Ca = 40  Sr = 87,6  Ba = 137   Pb = 207.
                        ? = 45   Ce = 92
                      ?Er = 56   La = 94
                      ?Yt = 60   Di = 95
                      ?In = 75,6 Th = 118?
```

Д. Мендѣлѣевъ

→ 门捷列夫在 1869 年出版的原始元素表显示了现代元素周期表的起源。

行为模式

　　门捷列夫提出，原子质量相近的相邻元素与其他化学物质的反应程度相似，这些元素构成表的行，他称之为周期。他还提出，在原子质量有规律地增加的元素中发生化学反应，产生的化学物质的性质相似；这些元素按列对齐，称之为族。门捷列夫在构思中强调了这些模式，这为现代周期表的周期和族奠定了基础。

　　门捷列夫在表中发现的另一个线索是英国化学家爱德华·弗兰克兰（Edward Frankland）提出的元素的"结合力"，我们今天称之为"化合价"。1852 年，弗兰克兰指出，在不同的元素之间，渴望形成含有一定数量原子的化合物。他指出，"氮、磷、锑和砷这几种元素，倾向于形成含有其他元素 3—5 个原子的化合物"。门捷列夫发现，原子质量和化合价的顺序十分类似。这在下面几个元素中可以十分清楚地看出来：锂（1），铍（2），硼（3），碳（4），氮（5），其中括号里的数字表示元素的最大化合价（形成化合物的过程中与其他原子结合的数目）。

1864 年，德国科学家劳尔·梅耶（Lothar Meyer）出版了一部著作（门捷列夫并不知道），他在书中根据化合价，将 28 个元素分为六个家族。梅耶的模型证明了化合价的周期性，但他止步于此，并没有预测尚未被发现的元素及其性质。现在我们知道，化合价是由参与化学反应的电子数目决定的，我们把这些电子称为价电子。元素的化合价代表了一种元素的一个原子与其他元素的原子构成的化学键的数量。

门捷列夫把他在 1869 年发表的论文寄给了当时所有杰出的化学家，梅耶也在其中。梅耶收到了论文，也注意到表中的化合价模式，随后对自己 1864 年的研究成果进行了拓展和更新。实际上，梅耶 1864 年的研究成果和门捷列夫的结论非常相似。1882 年，梅耶和门捷列夫都获得了英国皇家学会颁发的戴维奖章，他们对元素进行分类的贡献得到了承认。

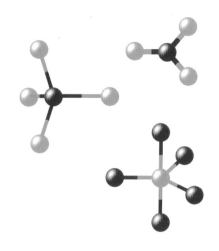

↑ 这张图表示：从上到下，原子的化合价分别为 3、4、5。

预测未知元素

与纽兰兹一样，门捷列夫的元素表有一些空缺，一些观察到的模式并没有重复。一些新的、尚未发现的元素应当填补这些空缺，研究者应该还能根据表中的模式，预测到它们的性质。门捷列夫最初预测了四种元素，他把它们称为类硼（eka-boron）、类铝（eka-aluminium）、类锰（eka-manganese）

化学的奥秘

和类硅（eka-silicon）。在最终发现钪、镓、锗后，人们证实它们的性质和门捷列夫的预测十分吻合。

后来，门捷列夫在他的表中使用了前缀"eka-""dvi-"和"tri-"，它们都来自古印度梵文，表示数字1、2、3。门捷列夫用它们来表示尚未发现的元素，分别位于表中已经发现了的元素下方第一、第二或第三个位置。比如，类铝位于铝元素下方一个周期的位置。之所以选用梵文，是因为它象征着古印度学者的奉献精神。语法学家把梵文建立在我们用嘴发声的二维模式之上，门捷列夫也通过化学性质重复的二维模式构造了周期表。

门捷列夫还担心当时一些元素的原子质量是错误的。他认为，碲的原子质量不可能是当时所测的128，根据他的推测，碲的原子质量必须在123—126之间。尽管门捷列夫在大多数问题上都是对的，这个问题，他却错了。

难以捕捉的元素

氢元素似乎在表中没有一席之地，因为它的特性在各族元素中都可以找到。据此，氢元素被放在了第一族之上。表的预测能力即使十分强大，但也无法预测稀有气体的存在。稀有气体元素不愿意参与化学反应，这就意味着人们不会在化学反应中观察到它们，在实验中也就不能通过技术手段把它们分离出来。直到空气液化和原子光谱学鉴定技术的出现，人们才第一次观察到稀有气体。

↑　瑞典的化学大家琼斯·雅可比·贝采里乌斯（Jöns Jacob Berzelius）是化学符号之父。他用速记法记录实验过程，还在符号后面使用数字，表示化合物中元素的原子个数。贝采里乌斯在当时使用的是上标数字，我们现在使用的是下标。以常见的水分子为例，两个氢原子和一个氧原子，贝采里乌斯写为 H^2O，我们写为 H_2O，以防它和数学方程式混淆。

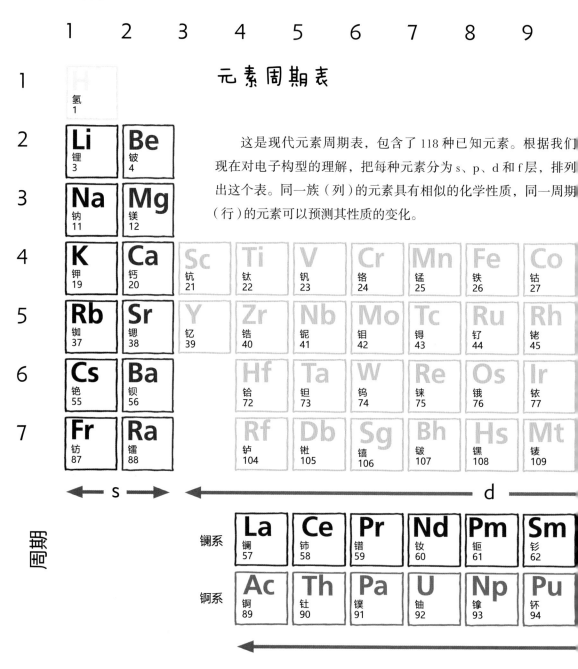

元 素 周 期 表

族

| | 1 | 2 | 3 | 4 | 5 | 6 | 7 | 8 | 9 |

周期

1
H 氢 1

2
Li 锂 3 | Be 铍 4

3
Na 钠 11 | Mg 镁 12

这是现代元素周期表，包含了118种已知元素。根据我们现在对电子构型的理解，把每种元素分为 s、p、d 和 f 层，排列出这个表。同一族（列）的元素具有相似的化学性质，同一周期（行）的元素可以预测其性质的变化。

4
K 钾 19 | Ca 钙 20 | Sc 钪 21 | Ti 钛 22 | V 钒 23 | Cr 铬 24 | Mn 锰 25 | Fe 铁 26 | Co 钴 27

5
Rb 铷 37 | Sr 锶 38 | Y 钇 39 | Zr 锆 40 | Nb 铌 41 | Mo 钼 42 | Tc 锝 43 | Ru 钌 44 | Rh 铑 45

6
Cs 铯 55 | Ba 钡 56 | Hf 铪 72 | Ta 钽 73 | W 钨 74 | Re 铼 75 | Os 锇 76 | Ir 铱 77

7
Fr 钫 87 | Ra 镭 88 | Rf 𬬻 104 | Db 𬭊 105 | Sg 𬭳 106 | Bh 𬭛 107 | Hs 𬭶 108 | Mt 𰼑 109

◄── s ──► ◄──────────────── d ────────────────►

镧系
La 镧 57 | Ce 铈 58 | Pr 镨 59 | Nd 钕 60 | Pm 钷 61 | Sm 钐 62

锕系
Ac 锕 89 | Th 钍 90 | Pa 镤 91 | U 铀 92 | Np 镎 93 | Pu 钚 94

◄────────────────

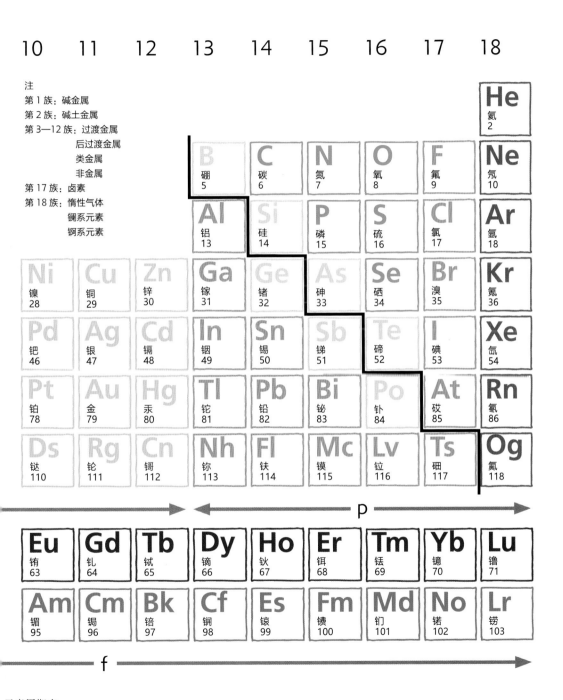

10 11 12 13 14 15 16 17 18

注
第 1 族：碱金属
第 2 族：碱土金属
第 3—12 族：过渡金属
              后过渡金属
              类金属
              非金属
第 17 族：卤素
第 18 族：惰性气体
              镧系元素
              锕系元素

| He 氦 2 |
| Ne 氖 10 |
| Ar 氩 18 |

B 硼 5 · C 碳 6 · N 氮 7 · O 氧 8 · F 氟 9

Al 铝 13 · Si 硅 14 · P 磷 15 · S 硫 16 · Cl 氯 17

Ni 镍 28 · Cu 铜 29 · Zn 锌 30 · Ga 镓 31 · Ge 锗 32 · As 砷 33 · Se 硒 34 · Br 溴 35 · Kr 氪 36

Pd 钯 46 · Ag 银 47 · Cd 镉 48 · In 铟 49 · Sn 锡 50 · Sb 锑 51 · Te 碲 52 · I 碘 53 · Xe 氙 54

Pt 铂 78 · Au 金 79 · Hg 汞 80 · Tl 铊 81 · Pb 铅 82 · Bi 铋 83 · Po 钋 84 · At 砹 85 · Rn 氡 86

Ds 𫟼 110 · Rg 𬬭 111 · Cn 鎶 112 · Nh 𬬻 113 · Fl 𫓧 114 · Mc 镆 115 · Lv 𫟷 116 · Ts 鿬 117 · Og 鿫 118

p

Eu 铕 63 · Gd 钆 64 · Tb 铽 65 · Dy 镝 66 · Ho 钬 67 · Er 铒 68 · Tm 铥 69 · Yb 镱 70 · Lu 镥 71

Am 镅 95 · Cm 锔 96 · Bk 锫 97 · Cf 锎 98 · Es 锿 99 · Fm 镄 100 · Md 钔 101 · No 锘 102 · Lr 铹 103

f

元素周期表

原子物理学

元素的最小单位

原子

古希腊原子主义哲学认为，如果我们能够理解构造物体的最小单位，那么就能真正地理解这个物体。如今的自然哲学家，即现代科学家，也认同这种思想。寻找自然界中最小的单位：原子（atoms），atoms 从希腊语 *atomos* 中衍生而来，意为"不可切割"。

18 世纪的化学已经能够证明，有些化学物质是由较简单的化学物质组合而成的化合物。在 19 世纪初，许多化学家开始精细测量化合物的"化合重量"。英国化学家约翰·道尔顿（John Dalton）证明，能够推断出那些参与化合反应的简单物质的相对重量。道尔顿的原子理论表明，化学物质参与反应时，物质的重量以整数进行组合。他在论文中给出了一个表，表中的元素以氢元素的重量为单位进行计算。

一个多世纪以来，许多科学家一直对这种化学原子的存在持怀疑态度。直到 1905 年，一位不为人知的瑞士专利职员——阿尔伯特·爱因斯坦（Albert Einstein）——用化学原子来解释奇特的布朗运动。1827 年，植物学家罗伯特·布朗（Robert Brown）在显微镜下观察到水中花粉颗粒的运动是不规则的。爱因斯坦认为，如果尘粒是与离散的原子所构成的东西发生碰撞，那么就可以用数学方法来解释这种随机运动。1908 年，法国物理学家让·佩兰（Jean Perrin）通过实验，依据爱因斯坦的理论确定了原子的大小和质量。

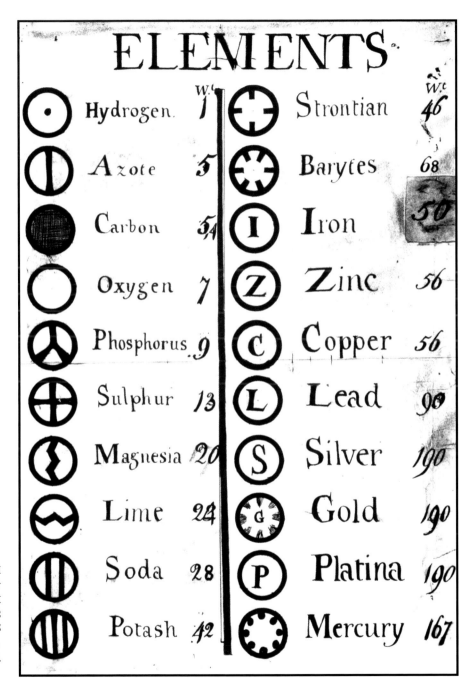

ELEMENTS.

⊙	Hydrogen.	1	⊕	Strontian	46
⊖	Azote	5	✳	Barytes	68
●	Carbon	54	Ⓘ	Iron	50
○	Oxygen	7	Ⓩ	Zinc	56
☮	Phosphorus	9	Ⓒ	Copper	56
⊕	Sulphur	13	Ⓛ	Lead	90
◑	Magnesia	20	Ⓢ	Silver	190
◒	Lime	24	Ⓖ	Gold	190
⦶	Soda	28	Ⓟ	Platina	190
⦷	Potash	42	✺	Mercury	167

→ 1808 年，约翰·道尔顿的表中，部分元素使用的原子重量和符号。现在我们知道，表中有部分物质为化合物，即由两种或两种以上的元素组成。

原子内部

可以说，道尔顿的原子理论在爱因斯坦的理论得到证实之前，就已经被取代了。外科医生理查德·莱明（Richard Laming）白天工作，晚上则扮演科学家的角色。他被科学界一些保守人士认为是怪人。1838—1851年间，理查德发表了多篇论文，提出了元素化学组成中的一种基本电荷单位。19世纪晚期，理查德的这一想法成为主流，许多科学家都在寻找这种"带电微粒"。1891年，爱尔兰物理学家乔治·约翰斯通·斯托尼（George Johnstone Stoney）将这种微粒命名为"电子"。

斯托尼等人的工作为汤姆森等人开拓了道路。1897年，在英国剑桥，汤姆森和同事们对原子进行了关键测量。汤姆

↓ 尼尔斯·玻尔（Neils Bohr）提出的原子行星模型，电子占据不同的能量轨道。

1897年，英国剑桥的约瑟夫·约翰·汤姆森（Joseph John Thomson）发现了电子，这是首个被发现的亚原子粒子。电子占据了原子核周围的能级。

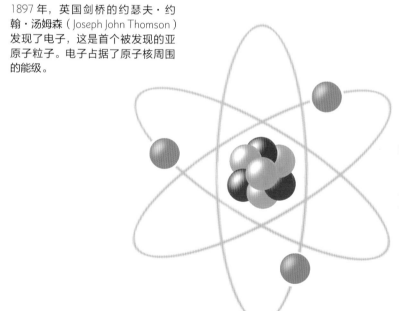

1909年，汉斯·盖革（Hans Geiger）和欧内斯特·马斯登（Ernest Marsden）发现，原子核占据了原子的绝大部分重量，且带有正电荷。

化学的奥秘

森当时用高电荷金属板发射阴极射线进行实验。他发现，在磁铁的作用下，电荷的轨迹发生了改变。这一结果表明，与其他辐射不同，阴极射线是由带电粒子构成的，这些带电粒子的质量比任何能测量到的化学原子都小得多。

随着电子的发现，人们开始设想含有电子的原子会是什么样的。众所周知，原子的运动轨迹不会被磁铁偏转，即与电子不同的是，原子是电中性的。汤姆森是这样设想的，带负电荷的电子均匀地分布在原子内部大量的正电荷里。英国曼彻斯特大学的研究员汉斯·盖革和他的学生欧内斯特·马斯登，在该校物理系主任欧内斯特·卢瑟福（Ernest Rutherford）的指导下，对汤姆森的设想进行了实验，这个原子模型后来被称为"葡萄干布丁"模型。他们用卢瑟福新发现的 α 粒子辐射作为探针，来探测较大的金原子。用带正电的粒子轰击金属薄片，大多数粒子都直接穿了过去。不过在极少数情况下，会看到 α 粒子从金箔上反弹回来，就像球撞在墙上被反弹回来一样。

观察结果表明，原子中的正电荷不可能均匀分布，而是全部集中在一个极其微小的区域内。只有高度集中的正电荷才能让带正电荷的高能粒子偏转。卢瑟福由此想象出这样一个原子：带负电荷的电子像行星一样，围绕着带有密集正电荷的原子核旋转。原子核中的正电荷来自叫作"质子"的较小粒子。原子核中除了质子，还有呈电中性的中子。不过，这样的原子模型是不稳定的，因为轨道上的电子受到带相反电荷的原子核的强烈吸引，会旋转着迅速地向内坠落。

原子结构

在整个 19 世纪，许多化学元素并不是通过化学反应发现的，而是通过观察它们发出的光发现的。元素并不释放连续的光谱光源，只发出特定颜色的光。这些光谱条纹的模式如独一无二的条形码和指纹一样，可以帮我们辨别出原子。如果观察到新的光谱条纹，那就有可能发现了一个新的化学元素。我们对光的颜色感知来自它的能量。19 世纪 80 年代，约翰内斯·里德伯（Johannes Rydberg）把光谱条纹和原子内部一些未知能级的排列联系起来，他通过识别不同原子间常见光谱条纹的模式，证明了自己的想法。19 世纪与 20 世纪之交，丹麦物理学家尼尔斯·玻尔进一步扩展了里德伯的想法，他将这些光谱条纹的能量和原子内部电子轨道的能量联系起来。

把物体从地面抬升到一定高度需要能量；同理，把电子抬升到离原子核更远的轨道上，也需要能量。地面上方的物体会获得重力能，如果把它扔下去，能量就会以动能的形式返还。一个带负电荷的电子，被带到离正电荷更远的轨道上，就会获得电能。电能通过吸收或发射光，来获得或释放

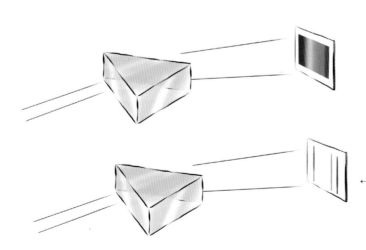

← 虽然白光包含所有颜色的光，但可以从一些特定的颜色看出，这是某元素的原子发出的。

　　　　　　　　　　　　　　　　　　　　　　化学的奥秘

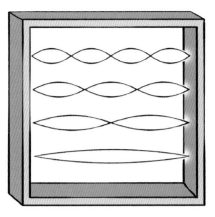

↑ 振动弦的能量越高，振动就越复杂，波峰和波谷就越多。

能量——这取决于原子中电子轨道间的能量差异。玻尔解释，如果来自原子的光只能有一定的能量，那么在原子内部的电子只能以一定的能量绕轨道运行。

正如吉他上的弦一样，在固定的振动弦的两端，也可以看到离散能量。如果我们用很少的能量去拉扯它，只可能在弦的一个中心点产生最大振动，在弦的两端产生的振动为零。如果用更大的力气敲击弦，就可以在弦上产生额外两个振动点。我们继续给弦增加能量，继续增加振动次数，就会注意到一个模式。每次更高能量的振动只是增加了一个振动点和一个静止点。每根弦的能量都和初始的最小振动直接相关。每个波都是这个最小值的 n（整数）倍。因此我们说，这些波是量化的，是量子数的 n 倍。

在波尔的电子轨道中，像这样振动的弦是很好的模型。在他的模型中，每一个离原子核更远的轨道，都只是增加了一个大小差不多的量子数。

回到重力能的类比，如果我们举起一个物体，再把它扔到地板上，物体重力能的整体变化会引起弦的振动，并且只有当重力能为零时才会发生。如果一个电子向内旋转，进入原子核，那么它的能量也会降为零。波尔指出，电子的轨道是量化的，它的能量可以是量子的几倍。这意味着电子绕原子轨道运动时，电子的能量不会低于最小的量子能量。因此，在轨道上，电子的能量永远不会变为零，所以电子不可能永远朝原子核旋转靠近。这就是为什么原子是稳定的且能够让我们看到量子原子（quantum atom）的奇异新世界。

量子原子

化学行为的基础

　　亚原子粒子的奇特行为促进了量子物理学的诞生。如今，这一科学领域为我们提供了原子最详细的图景。元素的排列和元素所表现出的属性都是从这个基本模型产生的。

光和物质

　　1801 年，托马斯·杨（Thomas Young）推翻了艾萨克·牛顿（Isaac Newton）的观点。牛顿认为，光是由粒子状的团块组成的，并称之为光颗粒。杨发现，光线穿过两个狭缝时，会在屏幕上投射出一系列明暗条纹。只有光像波一样运动，才能解释这种图案。就像池塘里的涟漪，波从两个缝隙分别

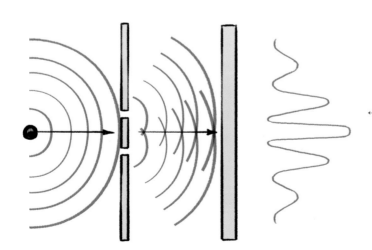

← 1801 年，人们发现光的行为像波一样，一个波与另一个波相互作用，会形成干涉图样。

化学的奥秘

向外扩散。两条波纹相交时，它们的波峰可能会相互接触。这种相长干涉把波峰叠加在一起，形成带有更高波峰的波。还有另一种情况，一条波的波峰和另一条波的波谷相交。这就导致了相消干涉，因为一条波的波峰完全填满了另一条波的波谷，所有的波相互抵消了。相长干涉导致亮条纹出现，相消干涉导致暗条纹出现。杨的实验结果表明光是一种波！

100 多年后，情况又发生了变化，1905 年，爱因斯坦发表了一篇让人惊叹的论文，对一个令人困惑已久的现象给出了答案。紫外线照射到一块金属上时，电子会从金属表面释放出来。增加水波的能量，会冲走海滩上更多的沙子；但是，增加光的能量，并没有从金属中释放出更多电子。事实证明，释放更多电子的唯一方法就是让光更亮，即把更多的光投射到金属的表面。爱因斯坦从数学上作出了解释，只有光像能量块一样运动时才可能发生这种情况，而这种能量块和牛顿提出的光微粒很像。

量子

光好像既不是传统的粒子，也不是单纯的波，而是一种全新的东西。爱因斯坦认为，光和电子相互作用时，光表现得像一团块状粒子。杨的干涉实验表明，光不和电子相互作用时，会像波一样干涉。光是由量子组成的：一种我们称之为光子的能量包。

在杨的双缝实验里，光的能量没有变化，但表现出了颜色的变化。光在波发生相消干涉的地方，颜色变红；在发生相长干涉的地方，颜色变蓝。光在这个过程中并没有释放能量，也没有获得能量。相反，光还保持了颜色，只是光在屏幕的不同区域更亮或更暗而已。这是屏幕每个位置上到达的光子数量的变化导致的，而不是每个光子能量的变化导致

← 爱因斯坦对他的解释继续探索，进入了量子物理学的领域，但是量子领域令他感到困惑。

的。这种类似波的光干涉决定了光子投射到屏幕上某个位置的概率。

光子穿过狭缝，到达屏幕，这条路径受概率影响，爱因斯坦将其比喻为掷骰子。这意味着，即使你知道光子的旅程是如何开始的，但永远无法确定会在哪里结束。相反，你只能计算光子存在于不同位置的概率。这和当时其他明确的物理定律有所区别。在那些物理定律下，从一组初始条件开始，计算出的最终结果是唯一的。爱因斯坦的论文是点燃量子物理领域的火花，但直到他走到生命尽头，量子物理的不确定性一直困扰着他。

1923 年，路易斯·德布罗意（Louis de Broglie）指出，电子、质子、中子和原子的行为同光的一样奇怪。对这些粒子进行观察时，它们就表现得像粒子；但在别的时候，它们都表现得像有概率的波。1927 年，英国的乔治·佩吉特·汤姆森（George Paget Thomson）、美国的克林顿·戴维森（Clinton Davisson）和莱斯特·革末（Lester Germer）使用电子束发现了杨的干涉图样，为上述理论提供了实验依据。

埃尔温·薛定谔（Erwin Schrödinger）、沃纳·海森堡（Werner Heisenberg）、马克斯·玻恩（Max Born）和帕斯

卡·约尔当（Pascual Jordan）各自利用德布罗意的"物质波"理论，进一步深化和发展了自己的理论。这些理论提供了一个数学工具，用来计算在给定能量下，亚原子粒子在特定位置被发现的概率。由于亚原子与量子物体的力学运动有关，这一理论也被称为量子力学。毫不起眼的氢原子被用来预测氢原子内部的电子结构，在量子力学的验证中扮演了重要的角色。

三维波

之前，我们用玻尔弦很好地类比了原子中的电子能量，但这并非电子能量的全貌。现在，我们知道，量子波的振动强度不代表能量的强度，而代表了在特定位置上发现电子的概率；实际上，概率为在某一位置振动的大小（振幅）的平方。量子波的能量用振动点的个数来表示。

如前所述，这类似于音箱中的吉他弦，每根弦的能量可以用一个量子数 n 来表示。

在能量最低的弦中，我们期望在音箱中心发现电子。随着能量的不断增加，在越来越多的位置上，电子被发现的概率相同。但是，你只能沿着一根弦前后寻找。这种双向运动只代表一维空间，而我们生活在三维空间中：上下，前后，左右。模拟三维原子中的电子轨道能量，需要从一维弦转移到三维云。追踪电子云，最有可能发现绕着三维原子旋转的电子的位置。电子云也和弦一样，随着能量的增加，振动的方式也在增加。增加的振动方式可以看作"云层"产生了分裂。它们分裂成许多区域，电子现身的概率相同。

一维弦的能量可以由一个唯一的量子数表示，三维振动的能量则需要用三个唯一的量子数表示。第一个数字 n，决定了云与原子核的最大距离，化学家用它表示电子层。第

	s	p	d	f
n=1				
n=2				
n=3				
n=4				
n=5				
n=6				
n=7				

二个数字 *l*，表示了振动方式的数量，也就是每个电子层的形状，化学家用它表示电子亚层。第三个数字 *m*，决定了原子核周围电子云每个波瓣的方向。和弦实验一样，基态最低能量值为 *n*=1，*l*=0，*m*=0。三个量子数关联十分紧密：对于任意给定的数字 *n*，*l* 的取值只能在 0 到 *n*−1 之间；*m* 可以取 −*l* 到 +*l* 之间的任意值。这表明当 *n*=1 时，云是一个球体，因为云层没有发生分裂（当 *l*=0 时），也没有波瓣（当 *m*=0 时）。*n*=2 时，电子在云中的最低能量为 *n*=2，*l*=0，*m*=0，这种状态的能量比基态的能量高。当 *n*=2 时，也可以有电子亚层 *n*=2，*l*=1，它包含三个波瓣，因为 *m* 可以等于 -1，0 或 1。*n* 每一次增加，就创造一个新的电子云，就有了更多的波瓣。

量子物理学中使用以上的编号系统，化学家对电子亚层的标记略有不同。电子层，同样标记为 *n*，但电子亚层 *l*，是用某个字母作为代替。这些字母和原子谱线的历史命名和其发现有关；*l*=0=s（sharp），*l*=1=p（principal），*l*=2=d （diffuse），$l=3$=f（fine）。任何可能高于 l 的振动都只能遵循字母表的顺序来表示，因此，下一层 $l=4$=g，但到目前为止，在所有已知的元素中，最多只有 f 亚层。量子数 $n=2$，$l=1$ 的电子层中的电子，化学家表示为 2p；$n=3$，$l=0$ 的电子层中的电子，化学家表示为 3s。

不确定自旋

由三个量子数表示的波瓣可以容纳两个电子。沃尔夫冈·泡利（Wolfgang Pauli）指出，没有两个完全相同的电子，或者说没有任何构成原子的微粒能够以相同的能量占据相同的空间。因此，要让两个电子占据电子云的同一个波瓣，就必须识别出这两个特定电子。这种性质被称为量子自旋。量子自旋在许多方面和陀螺自旋十分相似。如果陀螺在玻璃桌子上顺时针旋转，从下面看，就是逆时针旋转。这和从上方看是逆时针旋转、从下方看是顺时针旋转是绝对不同的。正如眼睛可以识别这些情况，我们也可以通过实验来确定电子内部两种独特的自旋状态。在量子自旋中，当确定一个电子的值是 +1 还是 -1 时，会引入一个新的量子数。这样，两个电子就遵循泡利不相容原理，共同存在于电子云的一个波瓣里。

在这种情况下，每个 s 亚层（$l=0$；$m=0$）只有一个波瓣，只能容纳两个电子。一个 p 亚层（$l=1$；$m=-1$，0 或 +1）有三个波瓣，每个波瓣包含 2 个电子，共 6 个电子。一个 d 亚层（$l=2$；$m=-2$、-1、0、1 或 2）可以包含 10 个电子，一个 f 亚层（$l=3$；$m=-3$、-2、-1、0、1、2 或 3）可以包含 14 个电子。每个亚层可以包含 $2(2l+1)$ 个电子。

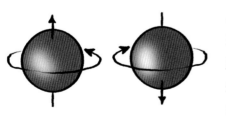

↑ 电子内部类似于陀螺，有"自旋"性质，可以用来识别两个电子。

趋势与模式

根据符号来填充原子

　　元素周期表能够预测化学元素如何跟其他元素或更复杂的化合物发生反应。当原子最外层的价电子共用或发生交换时，就会发生化学反应。原子吸引电子参与化合价的能力，或放弃电子的意愿，决定了该原子所在元素的性质。

原子序数与原子大小

　　元素的原子序数决定了原子核中的质子数，进而决定它们原子核周围轨道上的电子数。随着原子序数的增加，元素的原子质量越来越大，原子数量也随之增加。为了确保原子的稳定性，原子核中加入了中子，由于所需的中子数不同，每个元素增加的重量也不同。质子质量为碳 12 原子质量的 1/12，碳 12 原子含有 6 个质子、6 个中子和 6 个电子。这并不是整数，因为原子的质量受多种因素影响，比如原子核中的质子被束缚的紧密程度等。

　　每族元素按列排，同族元素具有相似的化学性质，这是因为它们的电子层数、价电子数和同亚层电子数相同。第一族在最外层 s 亚层只有一个电子，第二族有两个电子。

　　随着原子序数的增加，更多的电子被堆入原子中。就像一个装满水的玻璃杯，最外层最后加入的电子离原子核越来越远。如果你计算一下原子的半径，就会发现在同一族元素中，越向下，原子的半径越大。

　　随着原子体积的增大，最外层的电子更容易逃离原子

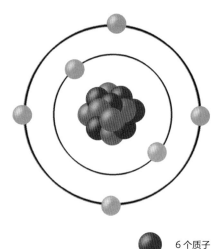

● 6 个质子

● 6 个电子

↑ 原子序数越小，就越能准确地表示出每个原子原子核内的质子数。原子量越大，表明这个值是该元素下最稳定的几种同位素的原子质量的平均值，在这些同位素中，质子数相同，但有的含有中子多，有的含有中子少。

化学的奥秘

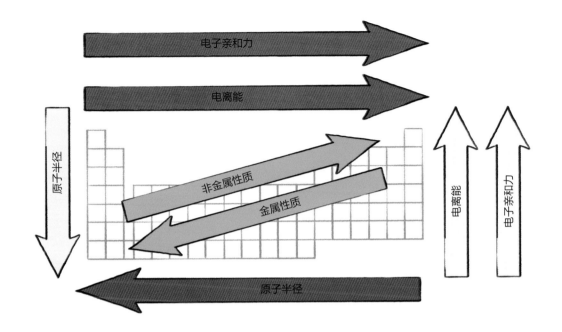

电子亲和力

电离能

原子半径

非金属性质

金属性质

原子半径

电离能

电子亲和力

↑ 在元素周期表中，原子半径、电离能和金属性质的一般变化趋势。

核。从原子中移去一个电子，使其成为带正电的离子所需要的能量，称为电离能。一族中向下的元素半径增加，电离能随之下降。但如果从左到右，跨越一个周期，这个趋势就不成立了，这是因为在这个过程中，电子云被填满了。

如何填满一个原子

构造原理（Aufbau principle，Aufbau 源自德语"建立"），是原子内部电子构型的概念，由玻尔和泡利最初提出。现代的构造原理保留了它的大部分内容，还描述了马德隆规则（又称克莱什考斯基规则）给出的电子亚层的能量排序。1929 年，法国工程师查尔斯·珍妮特（Charles Janet）首次提出了这一规则。1936 年，德国物理学家欧文·马德隆（Erwin Madelung）再次发现了这一规则。1962 年，苏联化学家 V. M. 克莱什考斯基（V.M. Klechkowski）给这一规则提供了理论依据。

该规则是，电子按照能量增加的顺序填满电子层，先填满能量最低的电子层，再填充高能量电子层。量子数 n 和量子数 l 都会影响从电子层到原子核的平均距离，进而影响电子层的能量。电子亚层的填充顺序是 $n+l$。如果两个亚层 $n+l$ 的值一样，那么最先填满 n 较小的那一层，比如，$n=2$，$l=1$ 和 $n=3$，$l=0$ 中，最先填满的是 $n=2$，$l=1$ 所在的亚层。从电子轨道图可以看出这一点，从而得到电子填充轨道的对角线规则。从每一行最右边开始，沿着红色的对角线，直到最左列 $l=0$；然后再从下一层右上角开始填充。

泡利不相容原理适用于最开始的 18 个元素，往后受到其他因素的干扰，尤其是对后 100 个元素的适用效果越来越差。这与元素周期表的布局相互呼应。第 1 族的 1 个价电子和第 2 族的 2 个价电子都在 s 亚层。第 13—18 族的最外层的 1—6 个电子在 p 轨道上，过渡金属的价电子在 d 轨道上。如本书所示，镧系元素和锕系元素是分开的，它们的外层电子在 f 轨道上。

我只想稳定！

所有元素都希望保持尽可能低的能量状态，这意味着它们有着最完整、对称的电子层。如果达不到这一点，元素希望有尽可能完整和对称的电子亚层。这是一个周期内（一行）的元素反应趋势的主要动力。当你沿着周期从左向右移动时，每个数字代表原子核上增加一个质子，同一个电子层上增加一个电子。在一个周期的末端，第 18 族的惰性气体并不活跃，它们有完整的电子层，所以不需要交换电子或共用电子来达到稳定状态。其他的元素则通过共价键或离子化学键共用或交换电子，以达到稳定状态。低一族的原子很乐意失去电子，因为这样它们会更接近低原子序数惰性气体的电

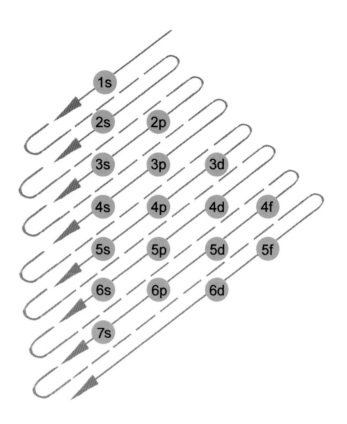

↑ 根据马德隆规则，电子填满电子层和亚层的大致顺序是沿着对角线排列的，电子的能量在这个过程中不断地增加。

子构型。然而，高一族的原子想要获得电子，因为这样它们能够最快地达到惰性气体的状态。夹在中间的是过渡金属，很容易失去价电子。

对同一族的元素来说，越往下原子核对电子的引力越小，更容易失去电子，因而电离能越低。但在同一个周期上，由于原子想要保留电子，填满电子层，所以移除电子变得越来越困难。这意味着在同一个周期内从左向右移动时，电离能一般会增加。越靠右上方的元素电离能越高，越靠左下方的元素电离能越低。因为前者想要吸引电子，而不是放弃电子，也可以说，表右上角的元素有很高的电子亲和力。在同一个周期上，原子半径逐渐变小，因为每个元素的原子

铯   氟

核对价电子的束缚越来越紧，没有元素比第 18 族的惰性气体的束缚力更紧。

↑ 第 1 族元素最底部的铯原子，很乐意让它的外层电子（价电子）自由地在外面漫游，而位于第 7 族最顶部的氟原子则紧紧地抓住自己的电子。

金属还是非金属？

广义上讲，愿意放弃电子是金属元素的特性。因此，渴望电子而又不愿意放弃电子的元素就是非金属元素。根据上面提到的对角线趋势，我们可以在表中绘制一条阶梯式的线条，来定义金属和非金属。大家可以在后面的表格上看到这个线条，它表明大多数元素被定义为金属元素，剩下的少量是非金属元素。在不同的情况下，在这条分界线上的元素，会表现出金属和非金属的特性，它们被称为类金属。

所有这些趋势都广泛地描绘了元素复杂的特征和细节。正是这些趋势促使科学家从寻找模式转向揭示原子的内部结构。在这些规则中，凡有例外，本书都会加以强调。

化学的奥秘

趋势表

在元素周期表的许多趋势里，原子大小和电负性最能清楚地描述元素的反应性。

如上节所述，随着原子对电子的束缚越来越强，原子的尺寸也会变小。在一个周期中，原子的最外电子层越完整，就越想保留住外围电子。这里的方块代表不同的元素，我们对方块进行了不同程度的填充，来表示元素的相对大小。填充的程度为每种元素的大小与铯元素的最大测量值的比值。方块填充得越少，就代表这种元素的原子半径越小。

方块填充的颜色代表原子的电负性，按照比例，电负性最高的是氟原子，最低的是铯原子。如上一节所述，这种方法能够衡量一种元素的原子吸引电子的效率。这就是通过研究不同元素与原子形成的化学键，得到鲍林标度下的电负性，这是以 1932 年首次提出这一观点的美国化学家莱纳斯·鲍林（Linus Pauling）的名字命名的。为此，我们不可能得到某些稀有气体的电负性值，因为无法观察到它们与一种以上的元素发生反应，或者在某些情况下，根本不会和任何元素发生反应。其他灰色框表示该元素的数据不足。

H									
Li	Be								
Na	Mg								
K	Ca	Sc	Ti	V	Cr	Mn	Fe	Co
Rb	Sr	Y	Zr	Nb	Mo	Tc	Ru	Rh
Cs	Ba		Hf	Ta	W	Re	Os	Ir
Fr	Ra		Rf	Db	Sg	Bh	Hs	Mt

La	Ce	Pr	Nd	Pm	Sm
Ac	Th	Pa	U	Np	Pu

化学的奥秘

								He
		B	C	N	O	F	Ne	
		Al	Si	P	S	Cl	Ar	
Ni	Cu	Zn	Ga	Ge	As	Se	Br	Kr
Pd	Ag	Cd	In	Sn	Sb	Te	I	Xe
Pt	Au	Hg	Tl	Pb	Bi	Po	At	Rn
Ds	Rg	Cn	Nh	Fl	Mc	Lv	Ts	Og

Eu	Gd	Tb	Dy	Ho	Er	Tm	Yb	Lu
Am	Cm	Bk	Cf	Es	Fm	Md	No	Lr

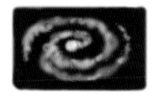

H

氢（Hydrogen）

1

原子序数	1
原子量	1.0082
丰度	1400mg/kg
半径	25pm
熔点	-259℃
沸点	-253℃
构型	$1s^1$
发现	1766 年，H. 卡文迪什

氢

易燃的基本元素

在约 140 亿年的时间里，氢元素走过了一段漫长的旅行，而在前方的未来也同样令人激动。

我们试着对宇宙进行了解，追溯到宇宙诞生后的第一秒钟。在宇宙诞生后的第 10—35 秒，也就是 0.0000000000000 00000000000000000001 秒时，宇宙像是一碗热腾腾的、满是亚原子粒子的浓汤。经过 38 万年的膨胀、冷却，第一个电子才克服了高温，和质子或原子核结合，形成了第一个原

　　　　　　　　　　　　　　　　　　化学的奥秘

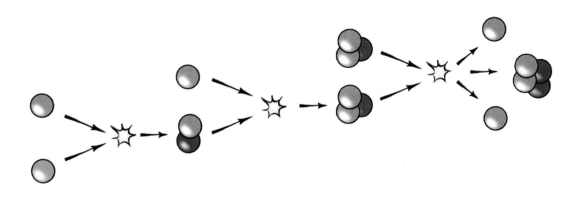

↑ 在适当的条件下，质子可以发生融合，形成氢的较重的同位素——氘。在类似的条件下，氘可以发生聚变，形成第二轻的元素——氦。

子。这些最初的原子几乎都由一个质子和一个电子构成，可谓最简单的原子——氢。在接下来的 1 亿年里，这些原始的原子是唯一存在的元素。

一颗恒星的诞生

1 亿年以后，氢气形成了巨大的云团，在自身引力的作用下，氢气云团开始坍缩。随着气体向内下落，云团中心迅速升温。温度和压力急剧升高，让粒子以难以置信的高速运动，造成粒子之间频繁的高能碰撞。这些碰撞让质子、中子和原子核靠得很近，彼此融合在一起。这个过程叫作核聚变。核聚变开始时，一颗恒星就诞生了。核聚变用许多轻原子核重新创造出重原子核。位于铁元素之后的其他元素都通过恒星内部的核聚变产生，当最大的恒星死亡时，就产生了所有的重元素。

简单的量子物理学

时至今日，氢仍是最丰富的元素，在宇宙间所有可测物质中占比 75% 以上。氢原子的结构简单，是量子力学的完

氢

美测试对象。氢是包含质子和电子的二体系统，还是唯一一
个完全由量子力学计算出特性的原子，这向许多怀疑论者证
明了新科学的力量。

↑ 在英国牛津郡卡勒姆的欧洲联合环形核聚变反
应堆内，氢的同位素在发生融合，形成氦。

化学的奥秘

和它的名字所暗示的一样吗？

1661 年，罗伯特·波义耳注意到，铁粉和稀酸反应会产生气泡。直到百年之后的 1766 年，亨利·卡文迪什（Henry Cavendish）才认识到，这种气泡中的气体是一种独特的物质。因为它极具爆炸性，卡文迪什最初把这种气体称为"可燃空气"；它甚至被 NASA 用作航天飞机的燃料。1781 年，卡文迪什观察到，这种新元素燃烧会产生水。1783 年，法国化学家安托万·拉瓦锡在确认了卡文迪什的发现后，把这种气体命名为"氢"（hydrogen），这个名字源自古希腊语 *hydro-genes*，字面意思是"水的创造者"。

核能的过去和未来

元素是由它的电子数／质子数决定的，在原子核中添加或减少中子，并不会改变一个元素。因此，每种元素可能有不同的原子量——这就是同位素。氢还有另外两种自然存在的同位素：氘（2H），有一个中子；氚（3H），有两个中子。氘和氚都在核能方面发挥着作用。氘可以被用于核反应堆中，在传统的裂变反应堆中作为中子慢化剂。氚是未来可能被使用的一种核燃料。正在研发中的氚聚变反应堆，可以从核聚变中产生大量的清洁能源。在大质量恒星之外，点燃并维持核聚变的技术，是目前最艰巨的挑战。氚是最优的选择，因为它发生聚变需要的能量最低——低于恒星内部的温度所需的能量。

目前，由于人工核聚变需要高功率的磁场和激光，引发聚变反应所需的能量还高于聚变反应产生的能量。然而，在未来，这种能源生产方式可以提供清洁能源，它产生的诸如氢和锂之类的轻元素十分安全。

氢

氦（Helium）

2

原子序数	2
原子量	4.0026
丰度	0.008mg/kg
半径	无数据
熔点	-272℃
沸点	-269℃
构型	$1s^2$
发现	1895 年，拉姆赛、克利夫和朗格莱特

氦

超级元素

氦最初是地外元素（ET，extra-terrestrial），因为它是第一个在大气层外被发现的元素。

1868 年 8 月发生了日食，法国天文学家朱尔斯·詹森（Jules Janssen）利用这个独一无二的机会观察到了太阳的外层大气。詹森注意到一条黄色的光谱线，他认为是钠。同时，他发现这条光谱线很亮，即使没有日食也能观测到。同年 10 月，英国科学家诺曼·洛克耶（Norman Lockyer）克服

↑　氦气最初在太阳外层大气的光线中被发现。

了英国糟糕天气的影响，看到了相同的光谱线。洛克耶注意到，这条线不可能来自钠，而是位于两条钠的光谱线之间，这一定是一种新元素。后来，洛克耶和同事爱德华·弗兰克兰以希腊太阳神赫利俄斯的名字给这种元素命名为"氦"。詹森意识到该发现的重要性，随后公开发布了这一消息。如今，詹森和洛克耶都被认为是发现氦元素的功臣。

回到地球

将近 30 年以后，人们才在地球上发现了氦。1895 年，瑞典化学家珀尔·特奥多尔·克利夫（Per Teodor Cleve）和尼尔斯·亚伯拉罕·朗格莱特（Nils Abraham Langlet）发现了一种气体，它从菱铁矿的岩石中被自然释放出来。同年，苏格兰化学家威廉·拉姆赛（William Ramsay）发现，钇铀矿和酸发生反应时，会释放出一种气体。两位瑞典化学家根据这种气体的原子质量，确定了这是一种新元素。拉姆赛注意到，这种气体的光谱线和洛克耶的观测相同，有同样的黄色。

氦很轻，它像外星人一样想回到外太空。尽管它是宇宙中第二丰富的元素，在人类的星球上却十分少见。

核的诞生

1905 年，欧内斯特·卢瑟福证明，在放射性 α 衰变中释放的 α 粒子是氦原子的原子核。钇铀矿释放的氦来自与铀有关的放射性衰变链。掩埋核反应堆的放射性废料时，α 粒子会产生氦气，这让人们很担忧。放射性废料存留的时间越长，α 粒子产生的氦气就越多。放射性废料埋在地下数千年之后，人类必须作好准备，承受新气体产生的巨大压力，因此，埋藏这些废料的钢铁和混凝土建筑必须能承受住巨大的压力，以避免核废料爆炸。

氦

超级元素

　　氦在能量最低的 1s 电子亚层有完整的价电子，可谓反应性最小的元素。在室温下，氦是一种气体，因为它是单个原子的集合，原子之间没有任何关系。氦的沸点非常低，只有 4.2K（开尔文，简称开，用绝对零度以上的度数表示），即 -268.9℃，因此液态氦非常冷，是极好的冷却剂。氦被用来冷却金属，使其变为电阻为零的超导体。超导体可用于制造世界上最强的磁铁，从核磁共振医学扫描到世界上最高能的粒子加速器——瑞士欧洲核子研究中心的大型强子对撞机——都在使用超导体。

　　如果你继续冷却氦，到了 2.17K 左右的温度，即所谓氦的 λ 点，氦就会变成超流体。超流体的黏度为零（黏度是流体的物理阻力）。因此，超流氦会表现出一些非常奇怪的特性，比如，一杯超流氦会逐渐"清空"自己。众所周知，所有的液体都会在引力的作用下发生轻微的蠕变（看一看水在玻璃边缘向上弯曲的情况），而驱动这种蠕变的力叫作毛细作用力，它是由液体和固体容器之间的相互作用产生的。液体在突破毛细作用力、流回容器之前，受重力和黏度的作用，不会发生很大的蠕变。然而，零黏度的超流氦却可以"爬上"不受黏度阻碍的表面，最终溢出杯子的边缘。

↑　超流氦会沿着玻璃的边缘慢慢向上爬，然后把自己挂在玻璃杯的边缘。

碱金属

失电子，反应剧烈

第一族元素是很好的例子，向我们展示了元素周期表中让人惊叹的趋势与模式。这些碱金属容易爆炸，色彩丰富，但又十分柔软，是生命的必需品。这一族元素给人的感觉是充满矛盾的。

第一族的所有元素都是十分活泼的金属，必须储存在惰性且不起反应的矿物油或惰性气体环境中。这样可以防止它们和空气中的气体或水蒸气发生反应。碱金属具有很高的反应活性，因为它们的最外电子层只有一个电子。碱金属非常容易失去这个电子，来使外层保持稳定，从而达到和惰性气体一样的电子构型。碱金属在失去一个电子后，会形成带正电荷的离子（带电原子）[0-（-1）=+1]。

拒绝孤独

碱金属元素对反应的渴望让它们在自然界中永远不会作为单质元素存在，而是和化合物里的其他元素结合在一起。它们的化合物主要发现于盐中——盐是由离子键联结的金属和非金属元素的化合物；它们在原子之间交换电子，因此电荷相等，电性相异，相互吸引。

碱金属产生的盐让这一族的元素有了名字。它们溶解在水中时，会形成碱性溶液。碱是酸的反义词。酸溶于水中形成溶液时，溶液中会有大量的氢离子，也就是失去了电子的氢原子。碱需要氢离子，可以理解为，酸想失去 H^+ 离子，

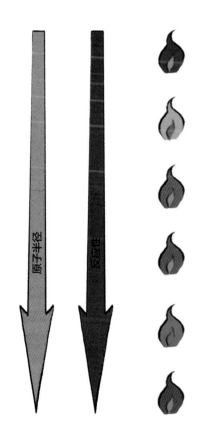

↑ 碱金属燃烧时，会发出鲜艳的火焰。从上到下随着原子半径的增大，这些金属的反应活性和柔软度也随之增大。

← 钠与水发生的爆炸反应中，钠发出耀眼的黄光。所有碱金属与水的反应都相同，都会生成氢气和含氢氧根的溶液，但第一族中越靠下的金属，反应就越剧烈。

而碱想得到 H^+ 离子。许多碱含有氢氧根离子 OH^-，它是一个氧原子和一个氢原子结合而成的，还带有一个电子。如果酸和这样的碱混合，H^+ 离子就会和 OH^- 结合，形成水：H_2O；剩下的碱金属离子会和原先跟 H^+ 结合的负离子结合，

化学的奥秘

形成一种盐。负离子通常是一种非金属，反应会生成一种新型的盐。

增加质量

在同周期元素中，绕原子核旋转的电子数增加，原子变大；原子核中的质子数增加时，原子的质量和密度也随之增大。原子的体积增大，外层单电子离原子核越来越远，对核的引力也减小。在同族元素中，越往下的元素，其原子对外层电子的控制越松，金属的反应活性也会增加，比如，把锂放在水中会轻微地嘶嘶作响，铯则会剧烈地爆炸。同样，越往下，金属会越软，因为原子越不容易抓住外层电子，也就越不容易在同元素原子之间形成联系。同理，碱金属的熔点和沸点也会降低。

在焰色试验中，所有的碱金属在加热时都会发出非常独特的颜色。颜色的范围横跨了彩虹的颜色范围，从锂的深红色火焰到铯的蓝紫色火焰。

柔软而不紧密

碱金属的外层电子相对自由，增加了反应活性。在第一族元素的纯金属中，电子会连成一片海洋，带正电荷的离子就好比岛屿，电子在"岛屿"周围自由地漫游。这些流动的电子极善于导电和导热。也就是说，每个金属离子之间都被电子隔开，离子之间的引力就会变松，不断地相互滑过，这样，金属就变得柔软，易于切割。广布的外层电子也增大了原子的尺寸，所以一般来说，第一族金属的原子半径是同周期元素中最大的。

最小的原子位于周期表的右边，因为它们不肯失去任何电子，所以就紧紧地抓住它们。

锂（Lithium）
3

原子序数	3
原子量	6.942
丰度	20mg/kg
半径	145pm
熔点	181℃
沸点	1287℃
构型	[He] 2s^1
发现	1817 年，A. 阿尔费特逊

锂

引起关注的元素

锂十分独特。锂和氢、氦一样，也是在宇宙大爆炸中被创造出来的元素。人们对电动汽车和电子产品不断增长的需求让锂变得尤为重要。

发出红色火焰的石头

1817 年，斯德哥尔摩的约翰·奥古斯特·阿尔费特逊（Johan August Arfvedson）把一种灰色矿物透锂长石扔在火上，

↑ 锂盐（如碳酸锂）被用作稳定情绪的药物。

观察到了一团深红色的火焰。他立即推断，这种矿物含有一种未知的金属，他以希腊语 *lithos*（石头）把这种金属命名为"锂"。阿尔费特逊尝试用电的办法，从矿物的溶解液中提取纯锂，这个过程叫作电解，由英国化学家汉弗莱·戴维（Humphry Davy）发明。阿尔费特逊却没有成功。直至 1855 年，人们才首次从熔融的氯化锂盐中提取了锂。

锂是一种银白色金属，极易与水反应，但不会与我们周围的氧气反应。它是少数几种容易与空气中的氮反应的金属之一。把锂在空气中放置一段时间，生成的氮化锂盐会发出很臭的味道，这是因为氮化锂和空气中的水蒸气反应，生成了氢氧化锂和有臭味的氨。

高活性锂主要存在于地球上的盐化合物中，也存在于一些矿物中。据估计，海水中含有 2000 多亿吨锂盐，约占海水的 0.2/1000000。人们从蒸发场的盐溶液中获得盐，剩下的残余溶液中就含有锂。不过，从广阔的干涸盐湖床里最容易获得锂，这种盐湖床在南美洲，尤其是智利的储量最大。

令人放松，重返最佳状态

20 世纪 40 年代，人们发现锂对人体有中度的毒性。当时，有人用氯化锂代替食盐食用而丧生。不过，小剂量地使用锂已经得到了积极的应用。碳酸锂有着镇静作用，这首次在豚鼠身上表现出来，1949 年，澳大利亚医生约翰·凯德（John Cade）发现，向豚鼠注射 0.5% 的稀锂盐溶液后，豚鼠会放松下来，变得温顺。他立刻向心理卫生部门申请使用许可，并很快给患者注射了同样的溶液。在短短几天内，连一些病情最严重的患者也能恢复正常生活。如今，全球仍在使用锂盐来减轻双相情感障碍患者的痛苦。目前还不清楚锂的镇定作用如何产生，也许是能够阻止大脑过量产生某些"化学信使"。

碱金属

寻求财富

21 世纪，新一轮的淘"金"热出现了，不过这次，勘探者们想要的不是黄金，而是锂。我们对便携式电子设备的渴望不断攀升，加之电动汽车的诞生，人们把目光集中到更大更好的电池上。当前，领先的技术就是锂离子电池。电流是电子通过电线所发生的运动。锂是正电性最强的元素，极易失去外层电子，变成带正电的锂离子，所以它是很好的电子源。

锂也是室温下最轻的固体，这意味着用它制成的电池会非常轻。这两种效应让锂在便携式设备和电动汽车上大展身手。我们对电子产品的消费不断增长，还希望在 50 年内使全球所有的汽车都变成电动的，因此对锂的需求必将不断增长。

↓ 一轮新的淘"金"热正在兴起，勘探者们想要的不是黄金，而是锂，用来制作电池。

化学的奥秘

钠（Sodium）
11

原子序数	11
原子量	22.9898
丰度	23600mg/kg
半径	180pm
熔点	98℃
沸点	883℃
构型	$[Ne]\,3\,s^1$
发现	1807 年，H. 戴维

钠

让我们的身体保持运转

激发钠电子产生的黄光，非常适合用在路灯和烟花上。钠是地球上储量最丰富的碱金属，约占地球地壳质量的 2.6%。

钠是一种活性碱金属，在自然界中没有单质存在；它甚至与金属结合，这多发现于盐的化合物中。我们常见的食盐氯化钠，被用来给食物调味。

使用了几个世纪

几个世纪以来，钠的化合物已为人们所知：古埃及的象形文字里提到了泡碱（natron），今人称之为碳酸钠。古埃及人用它来制作肥皂，还利用它的吸水和杀菌特性来制作木乃伊。泡碱的头两个字母 Na，被作为钠（sodium）的符号，尽管逻辑上似乎不通。

在中世纪，欧洲人用碳酸钠来治疗头痛。当时，西方大学里教的是伊斯兰世界的医学，治疗方法也被命名为"sodanum"，这个词源自阿拉伯语 *suda*，意思是"头痛"。1807 年，汉弗莱·戴维在首次提取钠时也肯定想到了这一点。

纯单质形态的钠用处很大，用来导热十分高效；液态的钠则可以用来冷却核反应堆。钠的熔点为 371K，沸点为 1156K，能在 785K 的温度范围内保持液态。这远大于水、冰和蒸气 100K 的温度范围。我们可以通过加压来增大液态水的温度范围，但会出现安全问题。由于钠是一种相对较重的元素，不喜欢吸收中子，因此钠原子可以维持反应堆中铀的核衰变。吸收太多中子能够停止核反应，核心就不会产生能量。相比之下，水很善于吸收中子，所以在核反应中必须谨慎使用，以免反应堆熄火。当然，钠必须保存好，因为一旦泄漏，它就会和周围的空气发生爆炸反应。同其他类型的核反应堆设计相比，钠反应堆的总体风险仍然很低，尽管有这一点需要注意。

丛林跋涉

第二次世界大战期间，我的曾祖父在缅甸的丛林中跋涉了好几天，汗流浃背，一下子就晕倒了。曾祖父苏醒时，发现嘴里有咸味，是一个战友给了他一块盐吃。人们经常被警

↑　笔者的曾祖父，启程前往缅甸丛林（现在的缅甸）之前。

化学的奥秘

告，摄入过量盐容易引发高血压和心脏病，但曾祖父那天却意识到：盐和盐所含的钠对生命至关重要。

为了保持健康，我们每天必须摄入大约两克的钠；如果人体流汗，钠大量流失，还需要摄入更多的钠。细胞内的低钠和高钾之间要保持良好的平衡，它们几乎参与人体的所有生理过程。细胞内外的钠交换控制着人体的信息系统：从激素的缓慢释放到神经细胞的快速放电。钠对人体活动时的肌肉收缩、呼吸和供血也很重要。

致命的寿司

事实上，要杀死一个人，一个非常有效的方法就是破坏细胞内外交换的钠平衡。有一种化学物质，叫作河豚毒素，（tetradotoxin，简称 TTX），可以阻断钠离子专门进出细胞的通道。河豚的某些部位有 TTX，如果处理不当，人在进食几分钟或几小时内就会死亡。目前还没有已知的 TTX 解药。

↓ 河豚十分美味，但只能让寿司大厨来处理，否则它可能是致命的食材。

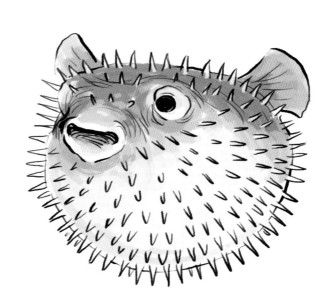

钾（Potassium）
19

原子序数	19
原子量	39.0983
丰度	20900mg/kg
半径	220pm
熔点	63℃
沸点	759℃
构型	[Ar] 4 s^1
发现	1807 年，H. 戴维

钾

与植物、人有关

钾的反应性很强，可以在固态冰上烧出一个洞，或者从一张纸的纤维中提取氧气。这种易挥发的元素，就像钠一样，对地球上的生命而言必不可少。

焚烧植物后，把剩余的灰烬溶解在水中，你会发现，几乎完全是钾盐的溶液。这种溶液叫作碳酸钾溶液（potash），之所以得名，是因为植物的灰烬（ash）与水混合在锅（pot）中产生了它。1807 年，英国化学家汉弗莱·戴维从这种溶

化学的奥秘

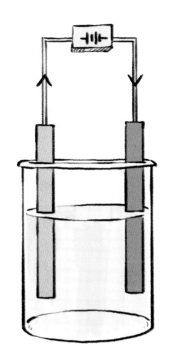

↑ 电流通过熔融或溶解的盐，把金属阳离子吸引到负极。金属离子获得电子，变成中性原子，形成单质金属。

液中分离出了钾元素，将其命名为"钾"（Potassium）。

钾元素是第一个使用电解技术发现的碱金属及元素。

电解

戴维首创了电解法，字面意思是用电（来自希腊语 *electro*）来解开束缚（*lysis*）。电解法使用正电性的阳极和负电性的阴极来分离离子化合物。通电后的正金属电极会吸引化合物的阴离子，连到相同电源的负金属电极则会吸引化合物的阳离子。碱金属倾向于失去一个电子而带正电荷，所以会被带负电荷的电极吸引，在到达后，阳离子得到一个电子，变成中性原子。

当戴维用碳酸钾溶液进行电解时，却什么也没有发生。他坚持用石灰水处理碳酸钾溶液，得到氢氧化钾溶液，让碳酸钾更具腐蚀性，也更"纯净"。戴维用电解法分离出了金属钾。埃德蒙·戴维（Edmund Davy）是戴维的堂弟兼实验助理，他写到，第一次看到"微小的钾球冲破碳酸钾的外壳，与空气接触而着火，汉弗莱无法抑制自己的喜悦之情"。几个月后，戴维使用同样的技术分离出了钠。

含盐的植物

戴维更喜欢把钾（potassium）和碳酸钾（potash）联系起来。瑞典化学家贝采里乌斯则更喜欢用"kalium"这个名字，因为在古代，钾用来漂白纺织品，制造肥皂，主要原料就是草本植物 kali。最后，potassium 这个名字被保留下来，鉴于贝采里乌斯发明了我们今天使用的国际化学符号体系，所以钾的符号为 K。碱（alkali）一词是阿拉伯语定冠词"*al*"和"kali"的结合。这样，不仅第 1 族的碱金属有了名字，具有碱性的化学物质都有了名字。

放射性的香蕉

从碳酸钾残留物中可以明显地看出，钾在植物的生命中扮演着重要的角色。钾最常见的用途是制作盐，它通常与氮和磷结合，用来制造植物肥料。香蕉和番茄酱是每克钾含量较高的食品，因此也具有放射性。钾在动物的生活中也扮演着重要的角色，能够调节细胞内的许多过程。人体也需要大量的钾来调节这些过程，稀有的钾 -40（^{40}K）成为人体内最常见的放射性同位素。

↓　盐草（saltwort）在古代被称为"kali"，焚烧后会产生含钾的碳酸钾。

化学的奥秘

铷（Rubidium）

37

原子序数	37
原子量	85.4678
丰度	90mg/kg
半径	235pm
熔点	39℃
沸点	688℃
构型	[Kr] 5 s^1
发现	1861 年，R. 本生和 G. R. 基尔霍夫

铷

　　铯是用火焰光谱法发现的第一种元素，铷则是用该方法发现的第二种元素。1861 年，德国化学家罗伯特·本生（Robert Bunsen）和物理学家古斯塔夫·基尔霍夫（Gustav Kirchhoff）在加热德国巴德迪尔凯姆（Bad Dürkheim）的泉水时发现了铯和铷。

丰富多彩的内涵

　　这两种元素的名字都来源于拉丁语，描述它们产生的火焰颜色。铷来自拉丁语 *rubidus*，意思是"最深的红色"，铯

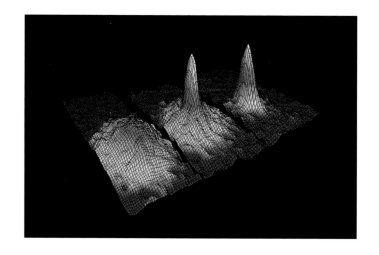

来自拉丁语 *caesius*，意思是"天蓝色"。

量子的钥匙

铷是发展粒子的量子理论的关键元素。原子和周围轨道上的电子不同，在温度接近绝对零度时，原子可以占据相同的能级，原子之间变得难以区分。这种新的物质状态（不是固态、液态或气态）被称为玻色–爱因斯坦凝聚态，得名于预测它存在的科学家爱因斯坦和玻色。第一种该状态的物质就是用超冷的铷原子制造的。

肿瘤探测器

铷对人体无毒，一旦进入体内，会像钾一样被处理，并从汗水和尿液中迅速流失。这种特性有助于利用放射性同位素来定位脑肿瘤。钾和放射性的 ^{82}Rb 离子会聚集在快速生长的癌细胞中。当这种同位素衰变，会从人体释放出一束 γ 射线，进而被探测到，这能让医生确定肿瘤的确切位置。

铯（Caesium）
55

原子序数	55
原子量	132.90545
丰度	3mg/kg
半径	260pm
熔点	28℃
沸点	671℃
构型	[Xe] 6 s^1
发现	1860 年，R. 本生和 G. R. 基尔霍夫

铯

　　这个元素跟时间密切相关。铯要比它较轻的"表兄弟"铷被发现得早，是"钟表匠"制造原子钟的首选。

走时准确

　　铯和铷都被用于制造原子钟，原子钟利用不同能量轨道之间的电子跃迁来精确地确定时间。当微波通过金属蒸气且调整到合适的频率时，金属蒸气会让所有的电子转移到更高的能级。这个频率在宇宙中保持不变，只取决于所选原子的电子轨道构型。国际上对 1 秒的定义是 9192631770 个这种微波辐射周期，对应着铯 133 原子基态的两个超精细能级之间的 9192631770 次跃迁。

电子能级由于受周围磁场的影响，会存在一定的抖动，但铷和铯是受抖动影响最小的元素。铯原子钟的能级比铷原子钟的更稳定，也更不容易抖动，因此其准确度更高，但缺点是价格昂贵：铯很稀缺，铯原子钟比用相对丰富的铷制成的原子钟贵 700 倍左右。

五颜六色的相对论

铯很特殊，因为它是仅有的三种不是银色的金属元素之一；另外两种是黄金和铜。根据爱因斯坦的狭义相对论，铯的颜色是因为其电子轨道的能量发生了改变。

↓ 物理学家杰克·帕里（Jack Parry）（左）和路易斯·埃森（Louis Essen）（右）正在调试世界上第一个铯原子钟，该原子钟由两位科学家于 1955 年在英国特丁顿国家物理实验室建造完成。

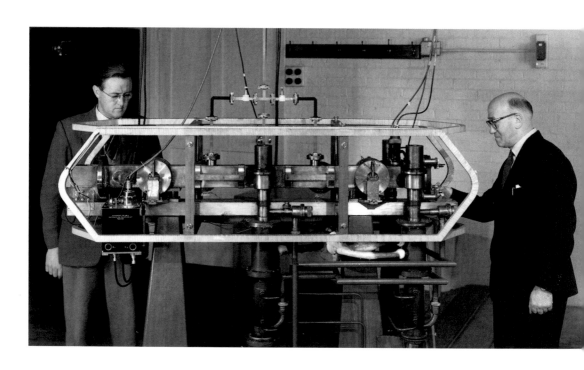

化学的奥秘

钫（Francium）
87

原子序数	87
原子量	223
丰度	1×10^{-18}mg/kg
半径	无数据
熔点	27℃
沸点	677℃
构型	[Rn] $7s^1$
发现	1939 年，M. 佩里

钫

门捷列夫预测，87 号元素位于铯元素下面。由于一直未能找到 87 号元素，人们转向了从放射性衰变中寻找它。有两条规则决定了通过放射性衰变来改变元素的方式。

α 和 β

如果一个放射性原子释放出 α 粒子，那么新元素的原子序数会比原来元素的原子序数低（–2），因为原子的原子核失去了两个质子。另一方面，如果元素经过 β 衰变，原子序数会增加 1（+1），因为一个中子形成了一个质子，同时原子释放出一个电子和一个电中性的中微子。

要填补 87 号元素的空缺，需要让同位素锕（89）进行 α 衰变，或让氡（86）进行 β 衰变。

新的元素

氡只能进行 α 衰变，不能通过 β 衰变来产生所需的 87 号元素。在锕系元素的衰变过程中，有 99% 的时间是 β 衰变，产生钍（90）元素，原子序数增加；只有 1% 的时间，锕通过 α 衰变变成 87 号元素。难点在于如何隔离这小部分时间，能够产生新元素 87 的半衰期只有 21 分钟左右，这让此项工作更加困难。玛丽·居里的学生玛格丽特·凯瑟琳·佩里（Marguerite Catherine Perey）提取出了微量的这种不稳定元素，因此走到了聚光灯下。1939 年，在居里夫人去世 5 年后，人们发现了这种元素。该领域的许多人都鼓励佩里先攻读一个学位，再攻读博士学位。1946 年，佩里成功地完成了自己的博士论文答辩——有关这个失踪的 87 号元素。在论文中，她以自己的祖国"法国"的名字，把该元素命名为"francium"。16 年后，佩里成为第一位入选法国科学院院士的女性，就连玛丽·居里当年都没能获得这一殊荣。

↑ 钫的发现者，法国核化学家玛格丽特·佩里（1909—1975），她曾是玛丽·居里的学生。

碱土金属

第 2 族的碱土金属元素都是活性金属，在自然界中不以单质形式存在。

每个元素在外电子层的 s 层都有两个价电子，与同周期的第 1 族元素相比，更稳定，反应性更弱。这一族的元素都能在自然界中找到，但自然存在的镭很少，并且只能通过较重元素的衰变链产生。

离子的提取

第 2 族元素和第 17 族的非金属卤素反应，生成盐化合物。盐化合物溶解在水中，会形成碱性溶液。除了铍之外，所有元素反应都会形成离子盐。正是通过电解熔融盐，第一次分离出了这些元素。铍则会形成共价键，通过一系列复杂的化学提取而得到。

透过不可见光的窗

第 2 族元素均能和氟反应，形成不溶性的氟化物，即它们不能溶于水。这些氟化物不仅能透过可见光，还能透过高能量的紫外线和红外线。由于这些氟化物很少吸收其他化合物发出的光线，通常将由它们制成的窗户用于红外光谱分析。氟化钙是最常见的材料，但如果观测的光的能量较低，可以使用价格更昂贵的氟化钡；钡原子较重，因而振动小于较轻的钙原子，因此需要波长较长的光才能使钡原子运动。

第 2 族元素的趋势和第 1 族的相同，元素的反应活性和柔软度随着原子半径的增大而增大。

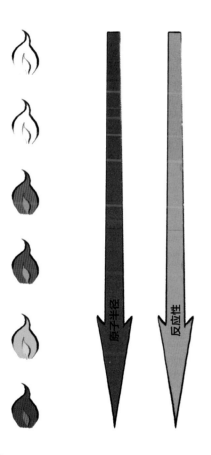

碱土金属燃烧时，会发出鲜艳的火焰。从上到下随着原子半径的增大，金属的反应活性和柔软度也增大。

铍（Beryllium）

4

原子序数	4
原子量	9.0122
丰度	2.8mg/kg
半径	105pm
熔点	1287℃
沸点	2469℃
构型	[He] $2s^2$
发现	1797 年，L. N. 沃克兰
	（L. N. Vauquelin）

铍

轻而有力

大多数比铁轻的元素都是在恒星中心通过核聚变产生，稳定的铍却不是这么产生的。因此，在比铁轻的元素里，铍是第二稀有的元素。

只有在星际空间，宇宙射线分裂较重的元素时，才会产生稳定的铍同位素：^{9}Be。宇宙射线是在太空中飞行的高能带电粒子，它们每时每刻从四面八方飞来，轰击地球的大气层。

化学的奥秘

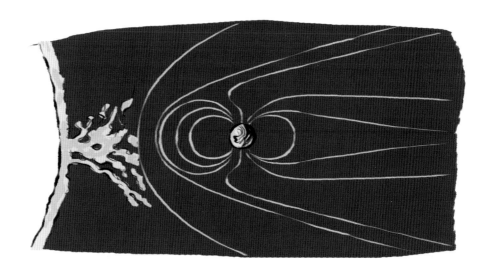

↑ 地球磁场持续保护我们免受宇宙射线（即带电粒子）的攻击。

地球磁场的历史

^{10}Be 是铍的放射性同位素，是宇宙射线与地球上稳定的铍 ^{9}Be 碰撞而形成的。地球磁场保护着我们免受宇宙射线的伤害，但保护作用的强弱会发生变化。在历史上，地球磁场有时很强，能起到保护作用；有时却很弱。较弱的磁场会让更多的宇宙射线涌入地球表面，产生更多的 ^{10}Be。科学家通过测量深冰芯样本中 ^{10}Be 的放射性含量，可以绘制出几百万年来地球上的磁场强度。

机身、燃料和致命性

铍在地球上十分稀缺，没有任何已知的生物学作用。铍的重量轻，机械强度高，燃烧时会释放大量的热量。因此，在 20 世纪 50 年代，铍被航空航天工业誉为飞机的理想建造材料和燃料。尽管铍的前景被看好，但由于它的毒性极高，目前，人们每年只能提炼出 500 吨铍。人如果暴露在铍粉尘中，会引起肺部的慢性炎症和呼吸困难等症状。这种情况叫作铍中毒，潜伏期也许长达 5 年才会显现，会导致三分之一的患者过早死亡，其余患者则终身残疾。

尽管如此，铍依然可以被应用于制造业。铍非常轻，只有 5 个中子、4 个质子和 4 个电子，会完全为高能粒子和辐射所忽略。铍窗比玻璃窗更容易透过 X 射线和 γ 射线。因此铍窗被用来覆盖专业的 X 光设备的照射灯。铍也被用于探测希格斯玻色子，在欧洲核子研究中心的大型强子对撞机中，质子需要被加速到接近光速。为了能够达到光速，质子必须畅通无阻地通过真空管道。用铍窗封住真空管的两端，能够阻止空气进入，同时让高能质子不受阻碍地高速运动。

中子

铍窗在中子的发现中也起了重要作用。1932 年，詹姆斯·查德威克（James Chadwick）用镭发射的 α 粒子轰击铍的样本。他观察到释放出了一种新的亚原子粒子，有质量但不带电荷，这就是中子。直至今日，镭还和铍结合使用，用来产生供研究使用的中子；约 100 万个 α 粒子才能产生约 30 个中子。

吸引力

铍的两个价电子并不进行离子交换，而是与卤素原子共用，形成共价键。如果铍离子形成 +2 价离子，那么它的电荷密度会非常高。这种离子的引力足以让其他原子轨道上的电子云发生扭曲，与铍轨道上的电子云重叠。原子在重叠的轨道上共享电子，形成共价键。因此，铍化合物并不是很好的导电体，这给分离金属铍增加了难度。

↑ 这个圆盘中心的暗灰色窗户就是铍窗，只有高能粒子和 X 射线能透过，常用于高压或低压实验室设备。

化学的奥秘

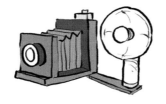

Mg

镁（Magnesium）

12

原子序数	12
原子量	24.3059
丰度	23300mg/kg
半径	150pm
熔点	650℃
沸点	1090℃
构型	[Ne] 3s^2
发现	1755 年，J.布莱克（J. Black）

镁

利用阳光

　　1618 年夏天，一个名为亨利·威克（Henry Wicker）的人注意到，尽管气候干旱，他的奶牛却不喝英国埃普索姆公地池塘里的水。威克尝了尝水，觉得有点苦，就取了一点样品拿回家。威克把水蒸发后，留下了一种盐。他尝水后的经历让他知道这可以作为一种泻药。在以后的 350年里，这些包含复合硫酸镁的"泻盐"被用来治疗便秘。

从太阳到人体细胞的能量旅行

　　镁的化合物会作用于人的下消化道，让人腹泻。不过，当你知道镁还是地球上生命的基本成分的时候，你可能会非常惊讶。镁位于复杂的化学物质叶绿素的中心，有着独一无二的形状。这种复杂分子对植物和其他生命形式都很重要。叶绿素利用光能，把二氧化碳、气体和水转化为葡萄糖，然后把葡萄糖合成淀粉、纤维素和其他分子，供我们这样的消费者食用。这些化学物质随我们体内的氧气一起被分解，再次形成二氧化碳和水，并被排出体外。这个过程就叫作呼吸。在这个过程中，释放的能量被用来形成我们身体中另一种化学物质，叫作腺苷三磷酸（ATP）。ATP 可以转移身体中的能量并将其释放到需要的地方。在这个过程中，一种含镁的化学物质必不可少，以生成 ATP。

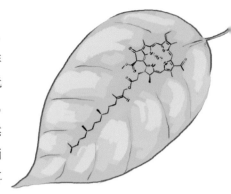

↑　镁是叶绿素分子的核心，利用阳光来进行光合作用，生成葡萄糖。

←　人们常用轻而坚固的镁来制造日用手持电子产品的框架。

化学的奥秘

↑ 在烟花中添加可以燃烧的镁，会发出明亮的白光。

轻型结构

镁也是实际应用中最轻的金属，不具有像锂或钠那样的反应性，也远没有铍的毒性。镁也是地壳中含量最丰富的元素之一，按质量排第六位，因此很容易获得。

镁的强度相对较高，可以用来制造轻便的电子设备，如手机和笔记本电脑。镁还被用于制造船体、飞机外壳和高性能的汽车部件。

反应

镁是具有中等活性的金属，在空气中燃烧时会产生强烈的白光。一直以来，人们用这种白光作为拍摄时的闪光灯。镁也是少数几种能与氮发生反应的金属之一，但金属镁会很快停止与氧、水或氮继续反应，因为它会迅速地在外部形成一个保护性的氧化镁涂层。

镁在生物过程中发挥着核心作用，许多科学家都试图创造有机镁化合物。19世纪末，人们生产出了有机增敏剂，但都不能溶于水，所以不适合催化有机反应。1900年，一位年轻的法国博士生维克多·格林尼亚（Victor Grignard）突发奇想，他把各种有机卤化物放在乙醚中和镁反应，从而出现了可用于有机反应的有机镁的稳定溶液，现称"格林尼亚试剂"。格林尼亚首次公布了这一反应过程后，世界各地的有机化学家立即应用了他的方法。1912年，格林尼亚被授予诺贝尔化学奖。如今，科学家已经发表了10万多篇与有机增敏剂"格林尼亚试剂"相关的论文。

钙（Calcium）
20

原子序数	20
原子量	40.078
丰度	41500mg/kg
半径	180pm
熔点	842℃
沸点	1484℃
构型	$[Ar]\,4s^2$
发现	1808 年，H. 戴维

钙

在我们身边，钙无处不在：在我们喝的水里，在我们建造房屋的混凝土里和岩石里。钙是地壳中第五大丰富的元素，也是生命不可或缺的元素之一。

广告经常提醒我们，饮食中的钙的最佳来源就是乳制品。经过进化，哺乳动物的乳汁能给后代提供绝大多数必需的矿物质。人体利用钙进行一个叫作生物矿化的过程，在体内产生大量的矿物质。

化学的奥秘

骨骼和牙齿

成年人体内的钙平均含量大于 1 千克，其中 99% 的钙在骨骼中。磷酸钙和有机分子结合，形成骨骼和牙齿。我们的身体调整这些结合的物质，产生具有不同强度和灵活度的材料。我们的骨骼不仅起着支撑身体结构的作用，还是钙的中心储存库。女性在怀孕期间，骨骼会在一种叫作"脱矿物质"（demineralization）的作用下流失矿物质。随着年龄的增长，我们的骨骼也会流失很多钙，从而出现骨质疏松，因此老年人受到挤压碰撞时更容易骨折。

超级贝壳搜寻者

软体动物和其他海洋生物用碳酸钙来制造保护壳。寄居蟹自己不制造壳，而是居住在别的动物用过的壳里，它们长大后就会换更大的壳。换壳是一个危险的过程，这时候它们很容易被捕食者吃掉。一些寄居蟹进化到能够通过测量溶解在水中的碳酸钙含量来辨别贝壳，这样被吃掉的风险就降到了最低。据报道，寄居蟹对钙有着惊人的敏感度，能够在 100 万个原子里辨别出中仅存的不到 4 个钙原子！

→　寄居蟹能够测量碳酸钙的含量，帮助自己尽快地找到一个新家。

锶（Strontium）
38

原子序数	38
原子量	87.62
丰度	370mg/kg
半径	200pm
熔点	777℃
沸点	1382℃
构型	$[Kr]5s^2$
发现	1755 年，A. 克劳福德
	（A. Crawford）

锶

锶是地壳中第 15 丰富的元素，主要以天青石（硫酸锶）或菱锶矿（碳酸锶）的形式存在。锶似乎不像第 2 族的其他元素那样能够形成各种矿物质。

菱锶矿（Strontianite）是根据苏格兰高地的村子斯特朗申（Strontian）命名的，锶也由此得名，成为唯一以英国地名命名的元素。

平板电视到来

21 世纪初，人们把氧化锶添加到老式的阴极射线管电视

化学的奥秘

↑ 罗马角斗士的骨骼中含有大量锶，这表明他们主要采用素食为主的饮食结构。

的玻璃屏幕上，阻挡 X 射线从电视管中发射出来。自平板电视问世以来，锶就主要用于制造深红色的烟花和信号弹了。

素食的勇士

锶离子的大小和钙离子相似，会定期被人体吸收，其中大多数会进入我们的骨骼和牙齿。植物由于会不断地吸收矿物质，所以含的锶比动物更多。法医考古学家已经断定，古罗马的角斗士是素食主义者，因为他们的骨骼中含有大量的锶。

危险的过去

放射性同位素 ^{90}Sr 是铀衰变链的产物。"冷战"时期，原子弹爆炸把大量的锶同位素释放到大气里，人们在美国孩子的乳牙中发现了这种同位素。锶和任何放射性物质一样，积蓄在体内会增加患癌的风险，1986 年发生的切尔诺贝利核反应堆灾难就证明了这一点。锶有着骨探查能力，可以用于医疗用途，例如使用小剂量的放射性 ^{90}Sr 进行骨癌的靶向放射治疗。

钡（Barium）
56

原子序数	56
原子量	137.327
丰度	425mg/kg
半径	215pm
熔点	727℃
沸点	1897℃
构型	$[Xe]6s^2$
发现	1808 年，H. 戴维

钡

钡是原子中的重量级选手，可被用于石油钻探或是人体消化道的检查。

钡比锶的含量丰富，但价格要高出锶很多，因为人们都想得到这种更重的原子。含钡的矿物要比含其他碱土金属的矿物重得多，因为钡是该族密度最高的稳定元素。钡的词根源自希腊语 *barys*，意思是"沉重的"。钡最常见的矿物是重晶石（硫酸钡），天然气和石油公司在勘探时会使用这种矿物质来增加钻井流体（即用于冷却钻头等的液体）的密度。

我们也用硫酸钡来探查身体的内部。钡作为金属和离子时，会使人中毒，引起心脏病、颤抖和瘫痪。尽管如此，每年都有患者吞进大量的硫酸钡，或者被注射硫酸钡。硫酸钡不溶于水，因而无毒。钡却会溶于水并溶解出有害的钡离子，对人类的身体造成破坏。与较轻的铍不同，重钡能够散射 X 射线。人类消化系统里的软组织是由轻元素构成的，几乎无法通过 X 射线看见它们。然而，比较重的钡类似骨骼，会散射 X 射线，让我们看见原本看不见的消化系统。这些难吃的"钡餐"通常会和草莓或薄荷混合在一块，增加口感，但效果并不明显。

开采化石燃料时，人们在钻头冷却剂中会用到钡的化合物。

镭（Radium）
88

原子序数	88
原子量	226
丰度	$9\times10^{9}mg/kg$
半径	215pm
熔点	700℃
沸点	1737℃
构型	$[Rn]7s^{2}$
发现	1898 年，居里夫妇

镭

镭元素促进了劳动法的现代化。

镭因其高放射性而得名。1898 年，人们在另一种高放射性物质钋中发现了镭。19 世纪时，在巴伐利亚州，人们从沥青铀矿中提取铀盐，用来给陶器上色。皮埃尔·居里（Pierre Curie）和玛丽·居里（Marie Curie）注意到，这个过程所留下的废物仍然有很高的放射性；他们对几吨废物进行处理，发现了两种新的化学元素。

化学的奥秘

治疗癌症

居里夫人在世的时候，医院就开始使用放射疗法治疗癌症；镭衰变释放放射性氡气，会杀死迅速分裂的癌细胞。镭的使用也引发了一种热潮，人们使用镭处理后的水来保持健康。然而，镭的放射性并不会区别对待人体的细胞，在放射疗法中也会杀死健康细胞。镭的这种本质在"镭女孩"事件中被彻底地表现了出来。

修改法律

第一次世界大战期间，一家名为美国镭（US Radium）的公司为美国军方制造和供应手表，表盘用放射性的镭漆来提供光亮。画刻度盘的女孩们经常用嘴舔她们的刷子，以确保笔触精确而纤细。工人们很快就生了口疮，甚至患上了口腔癌，或者死于和辐射有关的疾病。公司却指使医生把工人们的死亡归咎于其他原因，比如梅毒，这种舆论败坏了妇女的声誉。1928 年，工人们终于找到了一位愿意为她们在法庭上辩护的律师。这个官司的胜诉令劳动法被成功改写，美国也因此颁布了安全标准法规。

→ 工厂的工人正在拨号盘和钟表上喷涂精细的镭漆，制作发光的线条。

过渡金属

丰富多彩的催化剂

每一种过渡金属的 d 亚层都部分填充了电子，最多可以容纳 10 个电子。这些元素的化学性质全部和电子的得失有关。

如果一种元素在化学反应中失去一个电子，形成了离子键，我们就说这种元素被氧化了。电子发生交换，原子成为离子，也就是原子的氧化态。正氧化态是指原子失去电子，变成正离子。原子成为负氧化态时，是因为得到了电子。中性原子的氧化态为零，其电子数和原子核中的质子数完全相等。

催化剂

大多数过渡金属对 d 区电子的引力较弱。它们很乐意失去电子，在某些情况下，还愿意得到电子，因此，这些元素能够呈现多种氧化态。锰元素位于第 4 周期 d 区的中间位置。锰的最外层为半充满状态，能够呈现出从 −3 到 +7 的 10 种不同的氧化态。锰具备的这种强大的"换装"能力，有助于它参与各种各样的化学反应。过渡元素在其他原子之间交换电子，以确保反应有效、快速地进行。它们这样做本身并没有变成反应的产物：具有这些性质的物质被称为催化剂。过渡金属能够催化任何反应，从塑料的制造到有毒气体的安全处理。

序号	名称	-5	-4	-3	-2	-1	符号	+1	+2	+3	+4	+5	+6	+7	族
19	钾					-1	K	+1							1
20	钙					-1	Ca	+1	+2						2
21	钪						Sc	+1	+2	+3					3
22	钛				-2	-1	Ti	+1	+2	+3	+4				4
23	钒			-3		-1	V	+1	+2	+3	+4	+5			5
24	铬		-4		-2	-1	Cr	+1	+2	+3	+4	+5	+6		6
25	锰			-3	-2	-1	Mn	+1	+2	+3	+4	+5	+6	+7	7
26	铁		-4		-2	-1	Fe	+1	+2	+3	+4	+5	+6		8
27	钴			-3		-1	Co	+1	+2	+3	+4	+5			9
28	镍				-2	-1	Ni	+1	+2	+3	+4				10
29	铜				-2		Cu	+1	+2	+3	+4				11
30	锌				-2		Zn	+1	+2						12
31	镓	-5	-4		-2	-1	Ga	+1	+2	+3					13
32	锗		-4	-3	-2	-1	Ge	+1	+2	+3	+4				14
33	砷			-3	-2	-1	As	+1	+2	+3	+4	+5			15
34	硒				-2	-1	Se	+1	+2	+3	+4	+5	+6		16
35	溴					-1	Br	+1		+3	+4	+5		+7	17
36	氪						Kr		+2						18

↑ 过渡金属的各种氧化态让它们有了丰富多彩的催化用途。

导体

电子的自由运动也让一些过渡金属元素成了很好的热导体和电导体。电流其实就是电子向一个特定方向的集体运动；电子越自由，就越容易移动。如果能量可以通过快速移动的电子传播，热量的传递就会比通过缓慢笨重的离子或原子传播更加高效。电子的另一个特性即磁性，意思是所有电子都能朝着同一方向转移——自由电子可以自由选择转移朝向。电子也很容易在原子的不同能级之间转移，根据氧化态的不同，会产生各种奇妙的颜色和五彩缤纷的化合物。当这些元素被用于烟花、照明弹和电子照明灯时，就会产生不同颜色的光。

混淆

没有一种方法可以完美地给这些金属分类。在本书中，我们选择流行的定义，即所有3—12族的d区金属都是过渡元素。国际纯粹与应用化学联合会（The International Union of Pure and Applied Chemistry，IUPAC）对此有不同的定义：过渡金属是具有或能形成带负电荷离子的元素，且d层被部分充满。不过，其中有12种元素的d层为全充满状态，因此它们并不是严格意义上的过渡元素，它们的特性也表现得截然不同。按照这个定义，钪和钇也被归入过渡元素，因为这两种元素在金属状态下d层部分充满。不过，它们并未表现出其他过渡元素特有的催化性能。镧系元素和锕系元素也是过渡元素，它们在p层和d层之间发生化合价变化。一些周期表扩展了过渡元素的范围，包括了这些"内过渡金属"。这些周期表包含32列，也就是32族元素，能够更好地表示原子中电子层的结构和填充规则。

↑ 过渡金属有多种定义，有些定义把金属添加到过渡金属这个集合中，有些则把它们从中移除。

化学的奥秘

钪（Scandium）

21

原子序数	21
原子量	44.9559
丰度	22mg/kg
半径	160pm
熔点	1541℃
沸点	2836℃
构型	[Ar] 3d^1 4s^2
发现	1879 年，L. F. 尼尔森

钪

门捷列夫元素周期表中缺少的元素，会为我们提供下一代燃料吗？

门捷列夫在 1871 年的第二份元素周期表中预测，钙和钛之间存在一种金属，其原子量约为 44，两个该元素原子能与三个氧原子结合。仅仅 10 年后，瑞典化学家拉尔斯·尼尔森（Lars Nilson）通过独特的光谱线在一座矿中发现了一种新金属，并将其命名为"钪"（scandium），该名字以瑞典所在的斯堪的纳维亚半岛（Scandinavia）命名。瑞典化学家珀尔·特奥多尔·克利夫认出这种元素是门捷列夫元素周期表中缺少的金属，他把这一发现告诉了尼尔森。同门捷列夫预测的一样，钪的分子量为 45，形成的氧化钪为 Sc_2O_3。尼尔森分离出了这种氧化物，但直到 1937 年，钪元素才在实验中被大量地提取出来。

无处不在

钪不是地质作用的产物，因而广泛分布在全球许多不同的矿石中。这意味着，尽管钪和铅的储量相似，但钪不能单独开采，只能作为其他金属矿石开采的副产品。钪只有 +3 氧化态，这让它的化学多样性比不过一些过渡金属。钪非常轻，可以和其他金属结合形成轻而坚固的合金，用于制造自行车车架，不过，它的成本和相对便宜的碳纤维和钛合金相比，就没有竞争性了。

能源的未来

钪可以用于制造氢燃料汽车上的存储罐，十分轻便。当金属钪和有机分子结合时，可以形成多孔材料，有和海绵一样的大空间。这些材料可以吸收冷氢，并在加热时释放。这样的材料可以安全有效地储存氢气，并且无须像厚金属罐那样在高压下才能储存。

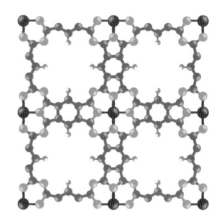

↑ 钪分子上的孔非常适合吸收氢气，可以把氢气储存起来，用作燃料。

化学的奥秘

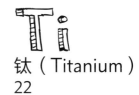

钛（Titanium）

22

原子序数	22
原子量	47.867
丰度	5650mg/kg
半径	140pm
熔点	1668℃
沸点	3287℃
构型	[Ar]3d^2 4s^2
发现	1791 年，W. 格雷戈尔（W. Gregor）

钛

真正的科技巨匠

　　钛很难分离，但在如今的现代化世界，我们不能没有这种元素或它的化合物。

　　钛在地球上很常见，但很难提取，因为钛的化合物之间结合得很紧密。我们所说的纯钛金属，是通过克罗尔法从最常见的钛化合物二氧化钛（TiO_2）中提取出来的，这种物质存在于全球的大型矿床中。把二氧化钛和碳一起加热到约1000℃，然后通过氯气反应产生四氯化钛（$TiCl_4$），业界称

为"Tickle"。Tickle 在氩气中保存，因为它很乐意和空气中的氧气或水发生反应，再次转化成 TiO_2。然而，在这种惰性气体中，Tickle 和 850℃的高温镁反应更剧烈（获得镁的成本更低），从而生成钛。

↑ 史上最快的喷气式飞机——SR-71 黑鸟，主要由轻便和高强度的钛制成。

钛结构

钛金属一旦生成，极易在整个钛表面形成一层薄薄的二氧化钛保护层，防止钛和空气进一步反应。萃取钛的成本十分昂贵，所以在不考虑成本的情况下，才会使用轻便和高强度的钛金属。钛用于生产轻型的军用和民用飞机，包括世界上最快的载人飞机——SR-71 黑鸟。钛也用于制作高端手表、眼镜和珠宝。覆有氧化物的钛金属也不会与海水发生反应，因而被用于制作船和潜艇传动轴的材料，或其他强度和轻便性至关重要的部件。

钛无毒且能够和骨骼连接，因而可用于关节置换，尤其是髋关节置换。在许多有机化合物之间的反应中，钛也是一种优秀的催化剂：在一种叫作聚合的反应中，只需少量的钛就可以制造出数吨的塑料。在你购买的许多聚乙烯产品中，所含的微量钛被用作催化剂，把较小的分子连成长链。

化学的奥秘

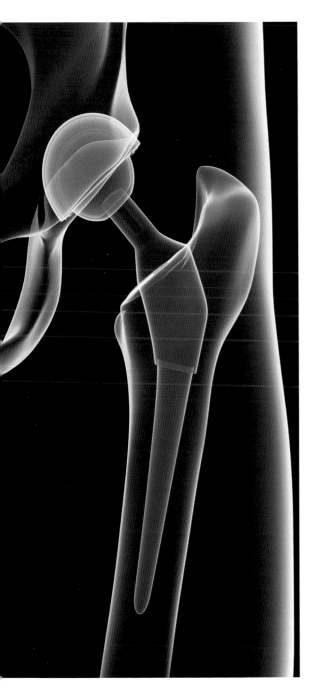

复合设计

　　二氧化钛有广泛的用途，从其中提取钛金属也相对便宜。这种白色化合物可用于减轻牙膏、油漆等日常用品的重量。你现在也可能正坐在一个被 TiO_2 包围的房间里。在食品工业中，它还用作添加剂 E171，增白糖果、奶酪和糖衣。二氧化钛还能很好地吸收紫外线，可以被添加在防晒霜中。紫外线被 TiO_2 吸收时，会把电子从 TiO_2 中释放出来，进而使 TiO_2 和有机分子发生反应，产生破坏性的效果。为了在防晒产品中安全地使用 TiO_2，人们通常在 TiO_2 上涂抹二氧化硅或氧化铝保护层来吸收这些自由电子。然而，在某些情况下，危险的自由电子也有其用途。人们目前正在研究如何生产表面涂有二氧化钛薄膜的瓷砖，这种薄膜可用于医院杀菌。水无法在 TiO_2 上形成水滴，反而会分散开来，这说明 TiO_2 表面不会留下污垢和其他水基残留物。二氧化钛还可作为建筑材料的涂层，使建筑物的外观、公共人行道和道路保持清洁。

← 髋关节置换手术中使用钛金属制作的人造关节。由于钛金属表面有一层坚固的氧化物，因而钛不会被腐蚀，这让钛非常适合在人体内部严酷的化学环境里使用。

钒（Vanadium）
23

原子序数	23
原子量	50.9415
丰度	120mg/kg
半径	135pm
熔点	1910℃
沸点	3407℃
构型	[Ar] 3d³ 4s²
发现	1801 年，M. 节烈里瓦（M. del Rio）

钒

对于钒的发现及其在生命过程中的作用，人们一直存有怀疑和困惑。

据说 200 多年前，德国化学家冯·洪堡男爵（Baron Von Humboldt）是第一个发现钒的人，但他的样本和笔记都遗失在失事的沉船上了。此后，有几位著名的科学家也发现了钒，但直到 1831 年，瑞典人尼尔斯·塞夫斯特罗姆（Nils Sefstrom）才首次充分证明了钒的存在，至此，钒才受到重视。

　　　　　　　　　　　　　　　　　　　　　化学的奥秘

五颜六色的钒

钒生成了许多色彩绚烂的化合物，塞夫斯特罗姆便以北欧女神凡娜迪丝（Vanadís）的名字为钒命名，象征着美丽与富饶。

和所有过渡金属一样，钒五颜六色的化合物及其化学性质，都产生于钒的各种氧化态：从 –1 到 +5，共有 7 种。钒的颜色是理想的光谱，可以用来识别生物催化剂的活性部分，即酶。

保护和预防

钒有一些生物用途，至于用途到底是什么，尚处争论之中。一些海洋动物（如海鞘）和优美的毒蝇鹅膏菌（*amanita muscaria*，一种蘑菇）会收集大量的钒，但原因尚不清楚——有可能是为了毒死捕食者，或者保护生物体中更敏感的分子被过氧化氢分解。钒离子有一个明显的生物学特性——增强胰岛素，但并不能替代胰岛素。人们在实验成功后，把钒化合物放入人体，以此作为治疗糖尿病的潜在疗法。糖尿病是一种由于胰岛素分泌量或效力降低而导致的高血糖疾病。

↓　含氧化态钒的彩色溶液（从左至右）化合价为 +5、+4、+3、+2。

+5　　+4　　+3　　+2

铬（Chromium）
24

原子序数	24
原子量	51.9961
丰度	102mg/kg
半径	140pm
熔点	1907℃
沸点	2671℃
构型	[Ar] 3d^5 4s^1
发现	1798 年，L. N. 沃克兰

铬

铬有彩虹般的颜色，为无色的矿物增添了宝石般的光泽。

小时候，"铬"这个词给笔者的印象是闪亮的金属保险杠和合金车轮。铬金属的光泽通过一层薄薄的氧化铬发出，氧化铬可以防止其下的金属与空气发生反应而被腐蚀。铬金属除了用于电镀金属或生产不锈钢以外，几乎没有其他用途。

五颜六色的盐
铬因其丰富多彩的化合物而得名于希腊语中 *chroma*（意

↑ 闪亮的铬镀层可以防止其下的金属被腐蚀。

为"颜色")一词,不过这个名字遭到了铬的发现者——法国化学家路易斯·沃克兰(Louis Vanquelin)的反对。他指出,这种金属本身并没有颜色。铬的化合物却五颜六色,从深红色的氧化铬(CrO_3)过渡到紫色的氯化铬($CrCl_3$)。它们作为颜料和染料,已经使用了几个世纪。铬(IV)氧化物(CrO_2)具有磁性,可用来制造备份和存储数据的磁带。氧化铬也用作催化剂,用来制造聚乙烯。

光彩夺目

宝石最能体现铬的动人色彩。刚玉、绿柱石和隐晶绿柱石是无色矿物,用少量铬就可以将其转化为红宝石、祖母绿和亚历山大石等宝石。亚历山大石是最迷人的,因为它是多向色性的,其颜色会根据视觉的方向而不断变化。

Mn
锰（Manganese）
25

原子序数	25
原子量	54.938
丰度	950mg/kg
半径	140pm
熔点	1246℃
沸点	2061℃
构型	[Ar] 3d^5 4s^2
发现	1774 年，约翰·戈特利布·甘恩（Johan Gottlieb Gahn）

锰

锰是地壳中第五大丰富的金属，但许多人把锰和更常见的镁搞混了，主要原因之一是它们都发现于希腊北部镁质地区的矿石中。

17 世纪，"白色氧化镁"被认为是镁矿物，"黑色氧化镁"则被认为是颜色较深的氧化锰。此外，希腊北部地区还发现了磁铁（magnet），magnet 源自 magnetile（磁铁矿）一词。锰金属本身不具有磁性，但奇怪的是，无色的硫酸锰（$MnSO_4$）具有磁性。这是因为硫酸锰中锰的 3d 层的电子都没有配对，所以电子自旋可以与磁场对齐。

化学的奥秘

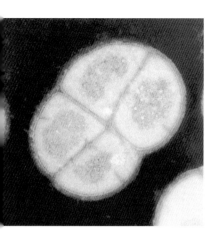

← 耐辐射球菌（*Deinococcus radiodurans*）是目前已知的最难对付的嗜极生物（极端微生物）。由于受一种含锰酶的保护，它能够在高辐射下存活。这种辐射比能杀死人类的辐射强 3000 倍。

轧钢

金属锰被从矿石中提炼出来，约有 90% 用于钢铁工业。早期的工业先驱们发现，在轧钢或锻造钢的时候会发生断裂。英国人罗伯特·弗雷斯特·墨希特（Robert Forester Mushet）发现，在铁水中加入少量锰可以解决这个问题。这是因为锰比铁更愿意和硫结合，因此除去了钢中的硫杂质。锰把钢中低熔点的硫化铁转化为高熔点的硫化锰。

细胞保护

人体的细胞不断地修复我们的 DNA，以抵御化学自由基的攻击，如超氧化物 O_2^-。自由基是一种具有高反应性的离子，能轻易地分解大型有机分子。锰作为锰超氧化物歧化酶（Mn-SOD）的一部分，可以把 O_2^- 转化为更安全的过氧化氢（H_2O_2）。这个过程能够阻止我们的细胞无休止地进行 DNA 修复。

铁（Iron）

26

原子序数	26
原子量	55.845
丰度	56300mg/kg
半径	140pm
熔点	1538℃
沸点	2861℃
构型	[Ar] 3d^6 4s^2
发现	公元前 5000 年

铁

一颗恒星的终结

铁元素的性质稳定而活泼，在地球和宇宙故事中扮演着重要角色。

球从山谷一侧滚下，以运动的形式释放了能量，最终在山谷底部最稳定、能量最少的地方停了下来。自然界的一切都有相同的愿望：保持尽可能的稳定和低能量。

化学跟电荷以及支配电荷行为的电磁力有关。然而，在每个原子内部，都有其他的力在起作用。原子核中的中子和

化学的奥秘

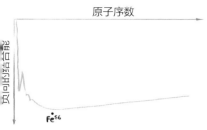

原子序数

双向的结合能

Fe⁵⁶

↑ 在原子核中有两种力起作用。在铁原子中，起主导作用的是结合力；在其他原子中，把质子推开的电磁力会大一些，目的是使这些原子核变得不那么稳定。

质子受强核力的作用，和其他的质子和中子吸引在一起；没有这种力，就没有稳定的原子核。

保持原子核

由于电磁力的作用，带正电的质子不断地相互排斥。而强相互作用力的拉力会抵抗电磁力的推力，使质子聚集在一起。因此，保持原子核的稳定就像一场拔河：一方是电磁力，试图把它们撕裂；另一方是强相互作用力，想把它们捆绑在一块。中子不带电荷，所以不改变原子的化学性质，但它们对原子核的稳定必不可少。中子靠在质子旁，把质子间隔开来，从而降低电磁力推开质子的力度。中子也为原子核提供了额外的强相互吸引力。

铁的生成

恒星内部的核聚变释放能量，因为核聚变产生的铁原子核较重且更稳定。就像山谷中的球一样，原子核也有能量最

→ 通常认为，熔融的铁核外的循环（对流）运动产生了地球的保护性磁场。

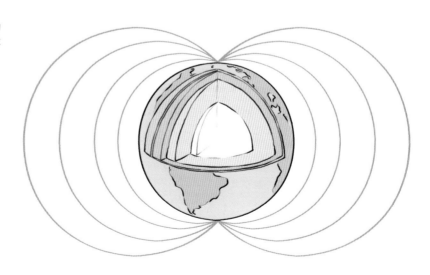

低、最稳定的状态。铁可能具有化学反应性，但铁原子核是所有元素中最稳定的。如果你把铁原子核与其他东西融合，不会得到任何能量作为回报，反而需要消耗能量。这种稳定性说明铁是恒星在核聚变过程中能够产生的最重的元素。铁是恒星生命的终点产物，在宇宙中大量存在。

地球和生命的中心

铁是地球上最常见的元素，地核内外几乎全部由铁构成。铁有很强的磁性，因为它对价电子的引力较小，而价电子很容易移动。正是外核内高温液态铁的运动产生了地球的保护性磁场。

价电子也让铁有多种不同的氧化态。铁的这一特性让它在移动电子方面表现出色，地球上的生命都利用了这一特性。铁是能加速细胞运动的酶的核心，也是血红蛋白和肌红蛋白的核心。红细胞中的蛋白质会和氧分子结合，形成复合物，并在体内运输。随后，这些蛋白质会释放氧气，氧气被用于细胞的呼吸过程，释放能量。

衰老和健忘

铁的某些氧化态（+3 价）不溶于水。如果不是酶或转运蛋白的一部分，这种形式的铁会作为固体而沉淀。当大量固态铁元素占领一个细胞时，就必然消灭这个细胞，因为没有方法可以恢复它。神经元是构成人体大脑的神经细胞，它们能够勾勒出人类的思想和感受。退行性疾病，比如老年痴呆症，就是由细胞中的铁元素长久积蓄导致的，这会使神经元失去活性。

化学的奥秘

钴（Cobalt）
27

原子序数	27
原子量	58.9332
丰度	25mg/kg
半径	135pm
熔点	1495℃
沸点	2927℃
构型	$[Ar]3d^7 4s^2$
发现	1739 年，G. 勃兰特（G. Brandt）

钴

很难从矿石中提取钴，而且在提取过程中常伴有有毒的氧化砷。早期的矿工把这些特点归于鬼怪，该元素的名字 Cobalt 源于德语 kobold，意为"妖精"或"邪恶精灵"。自古以来，钴就被用作颜料，在埃及被用作蓝色漆料，在希腊被用来绘制玻璃花瓶。

难以发现

钴并不在恒星中心产生，只能在恒星爆炸死亡时产生——它是恒星死亡时产生的最轻的元素。足够大的恒星在

← 钴的提取既复杂又危险，其名字源于德语 kobold，是"妖精"的意思。

死亡时会发生超新星爆炸，恒星的大部分物质会猛烈地炸向太空。这个过程中释放的能量足以让较轻的元素发生聚变，生成不可能在恒星内部自然形成的重元素。就在这个过程中，形成了钴等原子序数较大的元素。因此，钴的含量是相邻的铁的含量的 1/2250，而且只有在大量的过渡金属矿里，才能发现钴。钴一般作为铜矿的副产品被开采出来。

磁动机

钴的化学性质和铁、镍类似，是仅有的三种铁磁体过渡金属元素之一。这些元素可以形成永磁体，也可以被磁性材料吸引。钴可用于读写磁带、计算机磁盘、扬声器和电动机等。这种金属和其他金属相比，在更高的温度下仍然有磁性，钴合金高温磁铁可以用来制作涡轮机。钴还能提高合金熔点，在高温下仍然能保持强度。这种合金被用来包裹钻头、锯和飞机的涡轮发动机。

Ni
镍（Nickel）
28

原子序数	28
原子量	58.6934
丰度	84mg/kg
半径	135pm
熔点	1455℃
沸点	2913℃
构型	$[Ar]3d^8\,4s^2$
发现	1751 年，F. 克龙斯泰特（F. Cronstedt）

镍

圣诞老人也和著名的科学家一道，加入了周期表。镍以一种略带红色的矿石命名，德国矿工称之为"红砷镍矿"（kupfernickel），也就是圣诞老人圣·尼古拉斯铜。

镍是一种耐寒、耐腐蚀的金属，常被用于镀钢和镀铁。用含镍的物体盛放珠宝后，珠宝上沾染的微量镍会溶解在人的汗液中，会让人产生过敏。镍可以涂在罐头内部，用来防止食物和铁皮发生反应，比如在豌豆罐头里可以看到一些黑点，这是镍与一些细菌释放的硫反应生成的硫化镍。虽然美国的 5 美分被亲切地称为镍币，但实际上它只含 25% 的镍。

廉价的提取方法

路德维希·蒙德爵士（Sir Ludwig Mond）曾使用镍制成的阀门来阻止有毒的一氧化碳气体排放，但他发现阀门屡次失灵，并发生泄漏。1890 年，蒙德发现，镍会和一氧化碳气体发生反应，生成羰基镍。镍和其他金属不同，镍化合物的沸点极低，只有 42℃。高温下的羰基很不稳定，在 180℃左右时，羰基镍开始分解为金属镍和一氧化碳。德国出生的蒙德在偶然发现工厂的阀门出现故障后，找到了一种非常简单廉价的提取镍的方法。后来，他依托这项技术创办了 ICO 公司，发了财。

生命的开始

远古生命利用镍从富含一氧化二碳的大气中获取能量。镍在一些酶中居于核心地位，这些酶又是构成碳循环的重要部分：酶把一氧化碳转化为二氧化碳，然后把二氧化碳转化为醋酸盐，再把醋酸盐转化为甲烷，最后释放于大气中。

←　镍的名字源于德语的"圣·尼古拉斯铜"一词：kupfernickel。

　　　　　　　　　　　　　　　　　　　　化学的奥秘

铜（Copper）
29

原子序数	29
原子量	63.546
丰度	60mg/kg
半径	135pm
熔点	1085℃
沸点	2562℃
构型	$[Ar]3d^{10}4s^1$
发现	公元前 9000 年

铜

相对活泼的红色金属

从石器时代到青铜时代，铜都必不可少，因为在制造青铜时，每提取一份的锡就需要两倍的铜。世界各地的考古遗址都发现了青铜，这说明人类开采和使用铜已有一万多年的历史。

铜的名字源自罗马人对塞浦路斯岛的称呼——*Cuprum*，罗马人在塞浦路斯为他们的帝国开采了大部分的铜。

← 随着时间的推移，空气中的二氧化碳和铜发生
反应，形成独特的铜绿〔碳酸铜(II)〕。

复合物中的颜色

铜的红色是在 3d 和半满的 4s 亚层之间移动的电子产生
的。铜光亮的表面接触空气时，会慢慢变黑，形成氧化铜。
如自由女神像这样的铜结构，长时间暴露在空气中，因此形
成了一层铜绿〔碳酸铜（II）〕。

电与政治摩擦

铜很乐意释放自由电子，并让电子在金属内的离子间游
动，因此它成为一种热和电的优良导体。铜有很强的延展
性，可以被拉伸成很细的金属丝。因此，铜被广泛应用于生
活中，比如把电力和数据传输到家门口：在欧洲和美国，人
均用铜量超过 150 千克，发展中国家也迅速地建起了类似的

化学的奥秘

基础设施，导致铜价飙升。然而，全球已知的铜的储量无法让全球所有国家拥有与欧美同等水平的基础设施。

让你兴奋

铜的含量较少，但对地球上的生命至关重要。大多数生命过程都依赖铜的单电子转移能力，即 Cu^+ 和 Cu^{2+} 之间的转换。呼吸过程中的含铜酶，就是利用这个特性来释放葡萄糖中的能量。另一种酶，酪氨酸酶，把信使激素酪氨酸转化为 L-多巴，L-多巴是用于战斗或逃跑的肾上腺素的前体。L-多巴也用于治疗帕金森症，因为 L-多巴可以被身体分解，形成多巴胺，来调节大脑神经细胞之间的通信。

蓝色血

大多数生物利用铁分子向细胞输送氧气，有些生物却使用铜输送氧气。血蓝蛋白是一种蓝色分子，含有两个铜原子，能有效地与氧分子（O_2）结合。与血红蛋白不同，血蓝蛋白分子并不存在于特定的血细胞中，而是存在于血液里。螃蟹、龙虾、章鱼和其他无脊椎动物就依靠这种氧气输送系统，因而它们的血液是蓝色而非红色的。陆地生物中，使用同样的血蓝蛋白分子的生物有蜘蛛（如狼蛛）、帝王蝎和某些蜈蚣。

↑ 狼蛛通过蓝色的铜基血液在身体内输送氧气。

过渡金属

锌（Zinc）

30

原子序数	30
原子量	65.38
丰度	70mg/kg
半径	135pm
熔点	429℃
沸点	907℃
构型	$[Ar]3d^{10}4s^2$
发现	公元前 1000 年

锌

被忽视且不起眼

锌位于第 4 周期过渡金属的末尾，锌的 4s 和 3d 亚层为全充满状态，因而愿意留住电子。严格来讲，第 12 族中没有真正的过渡元素，通常它们是"名义上的"过渡金属。

要想得到锌的电子，需要极高的反应性，因此把锌涂在钢铁表面来防止生锈再好不过了。锌可以被用来镀任何铁制产品，从花园的大门到铁板，无所不能。锌金属最吸引人的

→ 锌能提高罗马人刀和剑的强度，也可以装饰头盔和盔甲。

用途是和铜一起制造黄铜合金。自罗马时代以来，黄铜就被广泛地用于装饰和制作乐器、纪念品。锌金属还可以作为锌碳电池和锌碱性电池的阴极。

防晒且有好味道

氧化锌很擅长吸收紫外线，因此可以用于防晒，保护我们免受有害射线的伤害。氧化锌是一种无毒的白色粉末，也广泛用于油漆和矿物化妆品。锌也对我们的日常生活很有帮助，吡硫锌可以用作去屑洗发水，氯化锌可以用作除臭剂。不过，锌真正让人激动的地方是在有机化学领域里的应用。

新的科学领域

爱德华·弗兰克兰因价电子理论而闻名，他在一个密封的玻璃管中用锌粉加热碘化乙酯（C_2H_5I）。弗兰克兰原本希望能生成乙基自由基 $C_2H_5^+$，不料自己却受到了极人的惊吓。他在生成物中加入了一滴水，这时，一束一米多的蓝绿色火焰从玻璃管中喷了出来。该物质与水或空气结合会发生爆炸反应，这种现象被称为"可自燃的"（pyrophoric），源于希腊语 *pyrophoros*，意为"着火的"。无意间，弗兰克兰创造了一个新的科学领域：有机金属化学。

这个实验创造了第一个有机金属化合物——二乙基锌（$C_2H_5)_2Zn$，其中两个乙基与一个锌原子结合。这一科学领域填补了有机、碳基和无机化学之间的空白。该领域能够生产催化剂，加快工业反应，制造塑料产品。有机金属化合物在半导体电子产品制造领域也十分重要，比如制造毫不起眼的发光二极管（LED），应用于世界各地的电视屏幕和其他电子产品。

破坏和构建 DNA

虽然第 12 族的其他元素有很强的毒性，锌却对生命的延续发挥着核心作用。锌存于一种叫作锌指的小蛋白质结构中，在其活性中心，有一个或多个锌离子。锌离子以完美的角度折叠这些结构，让它们断裂或帮助它们形成新的键，这样就为笨重的弦状分子增加了稳定性。DNA 和与它相似的 RNA 就是两种这样的笨重分子。没有这些锌指，DNA 的展开、复制和重组就不会如此高效。

锌不像第 4 周期的其他过渡金属，有那么丰富多彩的化学性质，但它绝不会无事可干。它谦逊地在幕后工作，确保生命延续，防止钢铁生锈，从来没有想过吸引人们的注意。

↓　锌指打开 DNA 的螺旋结构，这样就可以复制
　　DNA 所编码的蛋白质。

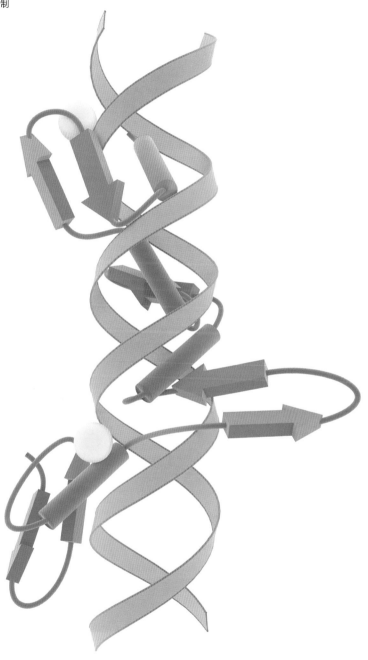

钇（Yttrium）
39

原子序数	39
原子量	88.9058
丰度	33mg/kg
半径	180pm
熔点	1526℃
沸点	3336℃
构型	$[Kr]4d^1 5s^2$
发现	1794 年，J. 加多林
	（J. Gadolin）

钇

　　钇虽然没有引起化学家多大的兴趣，在物理学领域却是一颗冉冉升起的新星。钇的名字来自斯德哥尔摩郊区的伊特比（Ytterby）。阿波罗登月计划表明，月球上的钇含量比地球上的丰富得多。

高温但很酷

　　直至"高温"超导体被发现，人们才真正开始关注钇。用昂贵的液氦把金属冷却到接近绝对零度（−273℃），金属就不再阻碍电子运动，这种零电阻材料被称为超导体。20

世纪 80 年代中期，人们观察到化合物钇钡铜氧化物（yttrium barium copper oxide）在相对更高的 –178℃时就具有超导性。这一温度低于液氮的沸点，因而使用钇钡铜氧化物作为超导体比较便宜。

陶瓷电线?

钇钡铜氧化物是一种陶瓷，很难制成电线或薄膜，所以很难找到用途。不过还是希望有一天，人们能够用这种钇化合物或类似的化合物生产出价格低廉的核磁共振扫描仪等诊断设备。

宝石和雷达

钇铝石榴石（YAG），$Y_3Al_2(AlO_4)$，由于其很高的折射率而被用于制作假宝石。

给透明的钇铝石榴石添加少量的镧元素，就会有新的用途。这种晶体位于半导体激光器的核心，让半导体激光器可以发出大范围的光。它们也被用作微波滤波器，用于无线电探测和测距（雷达）。

→ 钇在激光中作用很大，可应用于现代生活的许多领域。

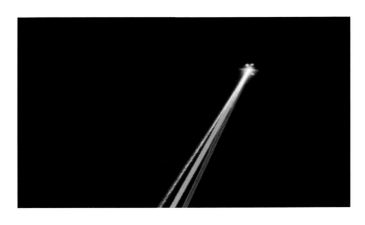

锆（Zirconium）
40

原子序数	40
原子量	91.224
丰度	165mg/kg
半径	155pm
熔点	1855℃
沸点	4409℃
构型	[Kr] 4d^2 5s^2
发现	1789 年，H. 克拉普罗特 （H. Klaproth）

锆

　　一种叫作锆石的黄色宝石已经在珠宝中被使用了数千年之久，锆元素也因此得名。锆石的主要成分氧化锆使锆石闪耀夺目，锆石中的其他元素则赋予其颜色。

闪光

　　如今，人们用氧化锆来制造比钻石更为闪亮的立方氧化锆宝石。闪光是由氧化锆高折射率的特性引起的。光线进入这种材料时，宝石会捕获大量光线，让其在宝石内部反射。光线最终从宝石表面离开时，只会从有限的方向射出。因此

化学的奥秘

↑ 核反应堆发生熔毁时，会产生极高的温度，盛放核燃料的锆制容器会与蒸气发生反应。反应会产生氢气，导致爆炸，因此核电站爆炸并不是核燃料发生爆炸。

从不同的角度看宝石，宝石会发出闪光。氧化锆可以从储量丰富的锆英石中提取，澳大利亚的一些海滩全部都是锆英石砂海滩。

核容器

事实证明，锆金属是核反应堆内的理想材料，所以用锆金属管来存放核燃料。即便在这种环境下，锆也不会有放射性，因为中子能直接穿过锆。

锆在低温下不会腐蚀，但和大多数金属一样，如果温度够高的话，锆最终会与蒸气发生反应。反应发生时，锆会从气态水中带走氧气，留下氢气。

像切尔诺贝利核电站爆炸，以及离我们时间更近一些的福岛核电站爆炸，都不是由核燃料引起的，而是随着这类反应的逐步积累，由可燃气体燃烧引起的。

Nb
铌（Niobium）
41

原子序数	41
原子量	92.9064
丰度	20mg/kg
半径	145pm
熔点	2477℃
沸点	4744℃
构型	$[Kr]4d^4 5s^1$
发现	1801 年，C. 哈切特

铌

19 世纪初，世界各地的科学家不约而同地发现了新的元素。这不可避免地导致了国际竞争，更不用说争论新发现元素的命名了。

钶（Columbium）

1801 年，英国人查尔斯·哈切特（Charles Hatchett）在大英博物馆（British Museum）的帮助下，对美国马萨诸塞州的一种叫作"columbite"的矿物进行了实验。哈切特的实验生成了一种产物，他认为是一种新的金属，并参照矿物名称将

化学的奥秘

这种金属命名为"钶"（columbium）。他的研究成果遭到了英国化学家威廉·海德·沃拉斯顿（William Hyde Wollaston）的批评。沃拉斯顿进行了同样的实验，得出结论：这种固体只不过是最近发现的钽的化合物。此后不久，哈切特就远离了科学领域，转而从事制造马车的生意，并获得了成功。

铌

直到 1844 年，德国化学家海因里希·罗斯（Heinrich Rose）才证明哈切特是正确的。这种析出物是一种混合物，包含钽和一种新的金属氧化物。既然哈切特离开了科学领域，罗斯就给这种元素取了一个新名字——铌。铌的命名来自尼俄柏（Niobe）——希腊神话中被神祇们打入地狱的坦塔罗斯（Tantalus）的女儿。

辩论与 IUPAC 的兴起

不过在那个时候，"钶"已经被印刷在了很多化学教科书上。美国科学家更喜欢"钶"这个名字，他们和欧洲科学家之间的关系也变得越来越紧张。激烈的争论，以及其他类似的争论，催生了 1919 年国际纯粹与应用化学联合会（IUPAC）的成立。这个新的管理机构促成了一项协议，在协议中，如果欧洲人把 74 号元素的命名改为"tungsten"（他们之前命名为"wolfram"），那么美国科学家就同意把 41 号元素命名为"niobium"（铌）。在今天，IUPAC 的任务仍然是决定新元素的命名权。

↓ 元素命名权的争论非常激烈。

Mo
钼（Molybdenum）
42

原子序数	42
原子量	95.95
丰度	1.2mg/kg
半径	145pm
熔点	2623℃
沸点	4639℃
构型	[Kr]$4d^5 5s^1$
发现	1781 年，P. J. 埃尔姆
	（P. J. Helm）

钼

　　如果你是道格拉斯·亚当斯的粉丝，你就会知道，42号元素是终极问题的答案：生命、宇宙和万物存在的意义是什么？当然，42 号元素有着重要的作用，也许并不是在含义方面，但正如我们所知，无疑是在生命的创造方面。

建造生命的基石

　　海洋中钼的含量有限，因此阻碍了多细胞生物的进化。直到地球大气的含氧量增加到了一定水平，才有了钼的氧化物盐，形成了可溶性的 MoO_4^{2-} 离子。从此，海洋细菌开始

大量繁殖，产生了足够可用的氮化合物，供其他的有机体
生长。

固氮酶会固定氮气，形成氮化合物，而金属离子是固氮
酶必不可少的核心物质，这种酶存在于单细胞细菌中，但不
存在于高等生命体的细胞中。氮化合物可以构建DNA等分
子的基因块，对生成核酸必不可少。如果没有细菌固定大
气中的氮，从而制造这些化合物，高等生命就无法繁殖和
生长。

不是铅

人们通常将钼矿石与铅或石墨搞混，在许多次"发现"
了钼后，直到1778年，才真正地认识到钼是一种元素。

→ 如果没有这种含钼酶把空气中
的氮（N_2）转化成氨（NH_3），
也就没有编码生命的核酸了。

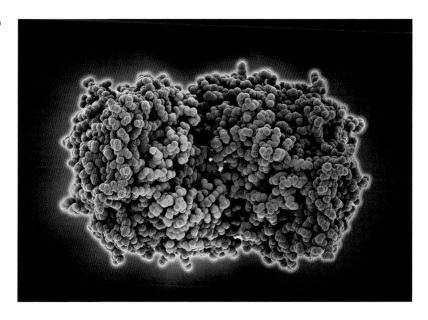

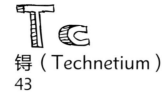

锝（Technetium）
43

原子序数	43
原子量	98
丰度	3×10^{-9} mg/kg
半径	135pm
熔点	2157℃
沸点	4265℃
构型	$[Kr]4d^5 5s^2$
发现	1937 年，C. 佩里埃和 E. 赛格雷

锝

很简单，亲爱的赛格雷

阿瑟·柯南·道尔爵士笔下的超级侦探夏洛克·福尔摩斯曾说过："侦察是（或者应该是）一门精确的科学。"然而，发现 43 号元素远非一个简单的问题，它是门捷列夫最初预测的四个"失踪"元素中最后一个被发现的。

搜寻

在发现钪、锗和镓之后，人们对类锰元素的搜寻力度

↑　这是一台 60 英寸（约 152.4 厘米）的回旋粒子加速器，由伯克利大学的欧内斯特·劳伦斯（Ernest Lawrence）和同事们建造，他们参与发现了锝和更重的放射性元素。

也加大了。尽管有很多次阴差阳错的目击事件，锝元素还是躲避了科学家的视线长达一个多世纪之久。直到 1937 年，距预测锝的存在近 160 年后，巴勒莫大学的卡洛·佩里埃（Carlo Perrier）和埃米利奥·赛格雷（Emilio Segrè）才发现了锝。

轻但不稳定

43 号元素是周期表中最轻的不稳定元素。该元素的同位素的原子核都不稳定，在较短时间内就会发生衰变。最稳定的同位素锝-98（^{98}Tc），每 420 万年有半数原子核发生衰变，也就是它的半衰期。这个时间听起来很长，但地球的年龄是这个时间的 1000 多倍，大约为 45 亿年。只有在较重的铀衰变时，才会产生少量锝原子。由于锝元素发生衰变，在如今这个全新的地球上已了无痕迹。

核粒子加速器

1936 年，赛格雷到美国加州伯克利参观了欧内斯特·劳伦斯的原子回旋加速器设备。赛格雷认为机器中的高能碰撞可能会产生新的元素。他请求劳伦斯寄给他一份由 42 号元素钼制成的箔偏转板样品。赛格雷是粒子物理学家，因此他和矿物学家佩里埃合作，来帮助确定元素。他们进行了辛苦的工作，最终设法分离出了 43 号元素的两种同位素。由于这些原子是机器产生的人造元素，这对搭档给这种元素起名为"technetium"，源自希腊语，意为"人造的"。如今，锝是核反应堆的放射性废物产生得最多的衰变产物。

探测人体内部

在周期表中，锝的化学性质与铼和锰非常相似。因此，锝可以与一系列的不同元素形成化合物。再加上其放射性，锝被广泛用于医学诊断。同位素 ^{99}Tc 的半衰期很短，只有6 小时，能够释放出非常独特的 γ 射线。要决定人体的哪个部位吸收锝元素，就要仔细地选择跟锝原子结合的元素。因此，锝可以用于不同医疗条件下的成像和诊断。这种难以捉摸的金属已经从科学探索的对象变成了医学"侦探"。

↓ 存活时间较短的锝同位素 ^{99}Tc 在人体内会释放 γ 射线，这种射线会穿过软组织，被照相机探测到，从而提供人体内部详细的图像。

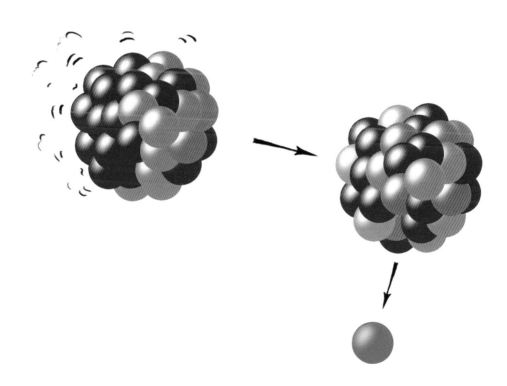

钌（Ruthenium）
44

原子序数	44
原子量	101.07
丰度	0.001mg/kg
半径	130pm
熔点	2334℃
沸点	4150℃
构型	$[Kr]4d^7 5s^1$
发现	1844 年，K. 克劳斯

钌

钌元素的名字源于拉丁语 *Ruthenia*，意思是"俄罗斯"。1844 年，在俄罗斯喀山工作的卡尔·卡洛维奇·克劳斯（Karl Karlovich Klaus）在一处铂矿中发现了该元素。尽管钌能生成很稳定的化合物，但它和邻近的金属一样，都极其稀有。

阳光

三（吡啶）钌（Ⅱ）氯［Tris(bipyridine)ruthenium(II) chloride］，有一个更吸引人的外号，叫 Ru-bpy，在光下非常稳定。该物质

能够吸收光谱上大范围的紫外线和可见光，而且不会分解成简单分子。这引起了人们的极大兴趣，去研究太阳能的利用。

刚刚好……

20 世纪 60 年代，有机金属化学领域蓬勃发展。许多化学家用有机化合物把金属煮沸，然后研究它们的特性。事实证明，钌形成了"刚刚好"的有机金属化合物，在稳定性和反应活性之间取得了平衡。

替换化学键

生命是由具有碳键骨架的分子组成的，碳键的断裂和形成会造就新的有机材料。这个过程可以通过自然或人工使用催化剂实现。1992 年，美国化学家鲍勃·格拉布斯（Bob Grubbs）发现了一种重要的有机金属的钌催化剂，该催化剂能够加快复分解过程（复分解的意思是"交换位置"）。

催化剂能够断裂和生成碳原子间的双键，来交换原子的位置。其他的铂族催化剂也可以完成同样的工作，但格拉布斯的钌催化剂是唯一一种能在空气中稳定使用的催化剂。没有钌催化剂，我们就无法大规模地生产和供应救命的药物。

↓　钌催化剂在药物制造中必不可少。

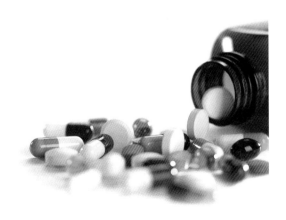

铑（Rhodium）

45

原子序数	45
原子量	102.9055
丰度	0.001mg/kg
半径	135pm
熔点	1964℃
沸点	3695℃
构型	$[Kr]4d^8 5s^1$
发现	1804 年，H. 沃拉斯顿

铑

在周期表过渡区的核心，有六种贵金属，它们的物理和化学性质相似：钌、铑、钯、锇、铱和铂。人们在发现其中一种元素后，就把这些金属统称为铂族。

适应性强，十分有用

这些贵金属耐化学腐蚀，且耐寒。它们也是出色的催化剂，可以加速各种化学过程。该族的所有元素在自然界中都十分稀有，因为它们能够形成类似的化合物，所以经常在矿石中被同时发现。这也让分离这些金属变得十分困难。事实

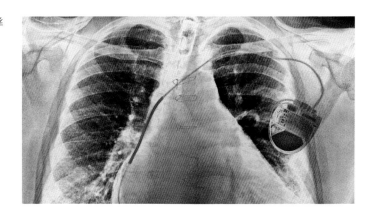

上，威廉·海德·沃拉斯顿在开始出售他新发现的钯之后，才在杂质中发现了铑。他把这种元素命名为铑，源于希腊语 *rhodon*，意思是"玫瑰色"，因为铑能够生成鲜艳的红色盐。

医学专家

纯铑箔片能够过滤 X 射线，可用于治疗癌症，尤其是乳腺癌的诊断。然而，由于铑是所有非放射性金属中最稀有的，它作为金属几乎没有其他用途。铑主要用于制作铑-铂合金。向铂丝中添加少量铑，可以形成非常稳定的热电偶，热电偶可以测量的温度高达 1800℃。金属丝具有耐腐蚀性，能够被植入起搏器，在恶劣的环境中留存下来。铑-铂丝直接把电脉冲传递到心肌，让心脏保持跳动。

保护器

铑-铂合金具有催化性能，可以广泛地应用于汽车尾气的催化转换器中，并通过催化作用，把氧化氮分解成氮气和氧气。如果氮氧化物进入大气，就会溶解在水蒸气中，形成酸，这是酸雨的来源之一。

钯（Palladium）
46

原子序数	46
原子量	106.42
丰度	0.015mg/kg
半径	140pm
熔点	1555℃
沸点	2963℃
构型	[Kr]4d^{10}
发现	1803 年，W. H. 沃拉斯顿

钯

　　快来看，快来看，买点奇妙的新金属！威廉·海德·沃拉斯顿是一位英国人，他是一位勤奋的化学家和物理学家。1802 年的一天，沃拉斯顿小心地从加工过的矿石中沉淀金属，这时，他发现了一种新金属。随后，他用自己的知识来赚钱，很快就做起了销售金属的生意。

时尚的名字

　　沃拉斯顿为了提高金属的销量，以新发现的一颗"行星"命名它，而这颗行星在两年前曾轰动一时。这颗行星

　　　　　　　　　　　　　　　　　　　　　　　　　化学的奥秘

叫作"帕拉斯"，沿袭了以神的名字来命名的传统。直到几年以后，人们才发现这颗天体不是行星，而是被发现的第二颗小行星（体积和质量比行星小得多）。不过，沃拉斯顿的广告伎俩却十分奏效，这种"新银器"的订单从四面八方飞来。有一位客户对这种金属进行了一系列的化学测验，他认为这不是一种新金属，沃拉斯顿公司的金属销量因而受到了轻微冲击。沃拉斯顿被逼无奈，最终写了一篇论文来解释他的获取方法。

研究电磁感应

沃拉斯顿是一位出色的全能科学家，在电学、光学甚至生物学方面都作出了开创性的贡献。他偶然发现移动的磁场会在附近的金属丝中产生电流。沃拉斯顿去世后，按照他的遗嘱，后人把稀有的钯和铂样本赠予了皇家学会。这些样本被用于迈克尔·法拉第（Michael Faraday）的电磁学实验。这些金属十分重要，但在 10 年后，法拉第写下自己的研究成果时，却忽视了沃拉斯顿偶然发现的电磁感应现象。如今，钯在赫克反应（Heck reaction）中被广泛用作催化剂，连接有机化学中的碳-碳双键。

过渡金属

银（Silver）

47

原子序数	47
原子量	107.8682
丰度	0.075mg/kg
半径	160pm
熔点	962℃
沸点	2162℃
构型	[Kr] 4d^{10} 5s^{1}
发现	公元前 5000 年

银

　　银的反应性不强，是自然界中仅有的几种金属单质之一。自古以来，人们就知道银的价值和它的使用方法，这可能要多亏银块把人们绊倒，或人们挖出了银锭。银的反应活性低，这是因为它的 d 亚层全被充满，从而对电子的共享或交换缺乏兴趣。

战时借用

　　在纯银中，d 层电子会离开原位，使之成为良好的热和电的导体。第二次世界大战期间，参与"曼哈顿计划"的

化学的奥秘

科学家从美国财政部借了几千吨白银。他们把白银拉伸成丝，然后绕成线圈，用来制造强电磁铁，作为制造核武器浓缩铀的必需品。

捕捉记忆

银的化合物已经在胶片摄影中使用了几个世纪。这些化合物对光极为敏感，在光下会分解成少量的银沉积物。沉积的银在显影液中作为化学反应的催化剂，形成固定的图像。对这些化合物加热，也会使其分解，分解后可以涂抹在玻璃上，形成一层薄薄的银金属，用来制造镜面。

唤雨者

碘化银存在于矿物中，具有类似冰的晶体结构。飞机每年将 50 万吨碘化银抛洒在云层中，让水蒸气结冰。最终这些冰融化并变为雨水，浇灌了农田。

目前，没有证据显示碘化银对人体有毒。在欧盟，碘化银甚至被用作食品的添加剂 E174。

→ 许多日用品中都含有银，银能有效地杀死接触到的细菌。

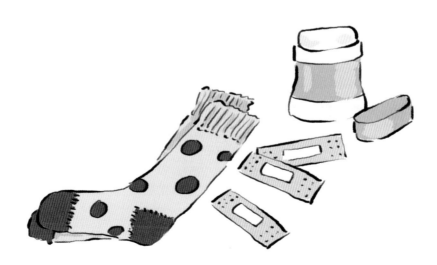

镉（Cadmium）
48

原子序数	48
原子量	112.414
丰度	0.159mg/kg
半径	155pm
熔点	321℃
沸点	767℃
构型	[Kr] $4d^{10} 5s^2$
发现	1817 年，赫尔曼（Hermann）、斯特罗迈尔（Stromeyer）和罗洛夫（Roloff）

镉

镉的化学性质与较重的兄弟元素汞非常相似，都是剧毒物质。

太疼了，太疼了

镉会吸收骨骼中的钙质，让骨头变得多孔、易碎。1912年前后，日本富山县的居民食用了富含镉盐的水稻，遭受了镉带来的危害。当地人感到脊柱和关节剧痛，他们把这种病称为"itai-itai"，字面意思是"太疼了，太疼了"。不过，这种镉中毒十分罕见，因为镉的含量必须非常高，才能突破

化学的奥秘

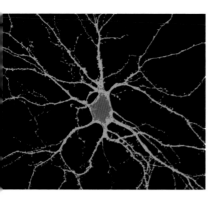

← 镉激光器发出的蓝光和紫外光
会激活荧光蛋白中的原子，照
亮提取自老鼠大脑的神经元。

人体的有效防御。

温暖的色彩

硫化镉呈明亮的橙色，可以用作塑料或釉料，粘在材料上十分牢固。地下天然气管道通常用硫化镉来着色，镉能增加管道的耐风化能力。艺术家们也常年使用镉盐，以保证制作的红色、黄色和橙色颜料生动、稳定。

量子计算

镉半导体化合物正引领我们走进一个全新的科技世界。硒化镉和硫化镉在第一代量子计算机中得到应用。这些材料会捕获光的粒子——光子，然后交由强大的激光处理光子信息。镉也可以被用来制造激光器。普通的氦镉激光器会产生很强的蓝光和紫外光，可被用于荧光显微镜。

降低核电站的危险

镉金属还有另一个用途，这个用途不是从镉电子的化学性质得来的，而是依据镉原子核的行为产生的。镉原子核能够非常有效地吸收中子，从而很好地防止核燃料衰变失控的情况发生。

Hf

铪（Hafnium）

72

原子序数	72
原子量	178.49
丰度	3mg/kg
半径	155pm
熔点	2233℃
沸点	4603℃
构型	$[Xe]\,4f^{14}\,5d^2\,6s^2$
发现	1923 年，D. 科斯特和 C. 赫维西

铪

　　早期的周期表根据元素的原子量对元素进行排序，作为衡量一个原子中所有质子、电子和中子质量的方式之一。然而，门捷列夫在第二张表中，改变了元素的顺序，以便把具有相似物理和化学性质的元素排列在一起。

　　钴和镍的原子量几乎相同，门捷列夫还是选择把钴放在镍的前面；碲比碘的原子量大，却被放在了碘的前面。这暗示可能有一些潜在的规律未被发现，这些规律才能够真正地给出元素的顺序，而不是以原子量排序。

预测新元素

1913 年，英国人亨利·莫斯利（Henry Moseley）注意到了周期表中的元素吸收 X 射线的波长和元素位置之间的关系。根据这个关系，莫斯利作出了预测，原子序数为 43、61、72 和 75 的元素是缺失的，他还证明了铝到金之间没有其他元素缺失。

1922 年，乔治·查尔斯·德·赫维西（George Charles de Hevesy）和德克·科斯特（Dirk Coster）在哥本哈根首次分离出了铪。72 号元素的名字也就来源于哥本哈根的拉丁语名字 *Hafnia*。铪和其他稀有元素一样，含量丰富但又难以提取。铪和锆的原子量十分相似，所以人们很难把铪从锆中分离出来。

十分重要

昂贵的铪可吸收中子，铪棒被用来控制极端核反应堆的放射性衰变链式反应。铪有极强的抗腐蚀能力，因而取代了镉，被用于建在潜艇上的高压反应堆中。

碳、钨和铪（碳化钨、碳化铪）的混合物的熔点为 4125℃，在所有已知化合物中是熔点最高的。

→ 科学家在哥本哈根（拉丁语名字为 *Hafnia*）发现了许多元素，但只有铪（Hafnium）的名字来源于这座城市。

钽（Tantalum）

73

原子序数	73
原子量	180.9479
丰度	2mg/kg
半径	145pm
熔点	3017℃
沸点	5458℃
构型	$[Xe]\,4f^{14}\,5d^3\,6s^2$
发现	1802 年，G. 埃克伯格

钽

　　在希腊神话中，坦塔罗斯国王因为窃取了众神的秘密而受到了众神的惩罚。国王被放进水池里，水池在一棵树下，树上挂着低垂的果子。每当他要伸手拿果子，空中就会刮起一阵大风将树枝吹起；而当他要弯腰喝水时，水就会从他身边退去。

活跃时很稳定

　　1802 年，瑞典化学家安德斯・埃克伯格（Anders Ekeberg）发现了一种不与酸反应的新型金属，他将之命名为钽。钽是

化学的奥秘

→ 钽矿物中的钽原子在紫外光下会发出荧光。

唯一的有惰性和放射性异构体的元素；钽 –180 （^{180}Ta）是放射性同位素，但处于激发态时十分稳定。这就好像给这些原子增加能量，让原子坐在架子上，不会因为衰变而掉下来失去能量。

化身于晶体管的钽

我们随身携带的手机，是工业推动电子产品小型化最好的例子之一。钽让制造更小的电子元件（电容器）成为可能。如果没有这项技术，我们只能使用 20 世纪 90 年代的"砖头机"，而且达不到如今智能手机的计算能力。每台手机设备中都含有约 40 毫克钽，每年共有约 1800 吨钽被用于制造电子产品。

钨（Tungsten）
74

原子序数	74
原子量	183.84
丰度	1.3mg/kg
半径	135pm
熔点	3422℃
沸点	5555℃
构型	[Xe] 4f^{14} 5d^4 6s^2
发现	1783 年，J. 何塞和 F. 埃尔乌雅尔

钨

关于 74 号元素的命名一直存在着争议。

1781 年，瑞典化学家卡尔·威廉·舍勒（Carl Wilhelm Scheele）指出，有一种新发现的酸含有一种新的金属，这种酸是一种叫作"tungsten"的矿物生成的，它的名字被翻译为"沉重的石头"。两年后，西班牙的埃尔乌雅尔兄弟胡安·何塞（Juan Jose）和福斯托·埃尔乌雅尔（Fausto Elhuyar）从黑钨矿形成的酸中分离出了这种金属。埃尔乌雅尔兄弟把这种金属命名为"wolfram"，但是说英语的化学家们已经采用了"tungsten"这个名字。

化学的奥秘

→ 钨的密度与黄金相似，但价钱低得多，因此曾有犯罪团伙出售假金条的案例：只不过是镀金的钨条罢了。

这两个名字都得到了 IUPAC 的认可，但 "tungsten" 是首选名称，并在 2005 年被确定为 74 号元素的国际名称。然而，钨元素的符号是 W，代表 "wolfram"，仍然承载着这场争论的历史。

身边最炽热的元素

钨十分坚硬，沸点高达 5930℃，是所有元素中沸点最高的。所有的金属丝都会阻挡电流，从而让金属丝发热。加热一个物体时，首先发出红光，然后是橙光，再是黄光，如果温度足够高，就会发出白光。钨丝被用于传统的灯丝灯泡，可以达到白热光。如果把钨丝放在卤素气体中，再加热，温度会更高，产生更强的光。这种灯泡常用在高端汽车的前大灯上。

坚硬而多色

碳化钨是一种掺有碳原子的金属，非常坚硬，常用在圆珠笔的笔尖上。氧化钨是少数几种电致变色化合物之一，在电场作用下会变色。这些化合物用来制造变色的智能玻璃和显示器。

铼（Rhenium）
75

原子序数	75
原子量	186.207
丰度	$7×10^{-4}$mg/kg
半径	135pm
熔点	3186℃
沸点	5596℃
构型	$[Xe]\,4f^{14}\,5d^5\,6s^2$
发现	1925 年，诺达克、塔克和伯格

铼

1925 年，最后一种稳定元素由沃尔特·诺达克
（Walter Noddack）、艾达·塔克（Ida Tacke）和奥
托·伯格（Otto Berg）在德国正式发现。三人处理了约
660 千克的钼矿石，最终获得 1 克铼，他们以附近的莱茵
河命名了这种金属。如今，通过精炼钼和铜，人们能更有
效地提炼铼，但它仍然十分稀有，价格昂贵。

发现与误认

1908 年，日本化学家小川正孝（Masataka Ogawa）声称发现了 43 号元素（现在的"锝"），却广受质疑。2004 年发表的研究表明，小川正孝实际上分离出了铼。这是迄今为止唯一被官方承认的日本或亚洲发现的元素——113 号元素（参见"名人堂"）。

遍布美国各地

铼位于周期表过渡区的中间位置，氧化态的范围最大，化合价从 –3 到 +7，这让它成为一种出色的催化剂，例如，把天然气催化为高辛烷值的汽车燃料。铼的其他用途正在研究之中，包括在太阳能电池中用来捕捉光线，以及把水分解成氢和氧，作为燃料。

单晶喷气发动机

铼金属与镍组成合金，不仅强度会增加，还会生成单晶结构，用于制造喷气发动机的涡轮叶片。叶片受燃料的推动旋转，在高温和高强度机械应力下也不会变形。

→　要获得稀有的铼，需要提炼大量钼矿石。

锇（Osmium）
76

原子序数	76
原子量	190.23
丰度	0.002mg/kg
半径	130pm
熔点	3033℃
沸点	5012℃
构型	[Xe] $4f^{14} 5d^6 6s^2$
发现	1803 年，S. 台耐特

锇

1803 年，英国化学家史密斯森·台耐特（Smithson Tennant）发现了锇，不过锇得到的关注仅持续了 15 分钟，之后就在它旁边发现了铱。台耐特十分喜欢铱元素呈现出的彩虹般的光泽，却把锇的"刺鼻而穿透性的气味"描述为"最恶心的特征之一"。

恶臭

科学家观察的结果反映在元素的命名上，锇的名字源自希腊语 *osme*，意思是"气味"。锇散发出的气味来自稳定但

化学的奥秘

易挥发的四氧化锇（OsO_4）。四氧化锇有着能和碳-碳双键结合的神奇能力，在专业显微镜和指纹检测中被用作生物染色剂。然而，使用的人需要非常小心，如果四氧化锇进入眼睛，就会污染视网膜，导致失明。

密度大的金属

20 世纪 90 年代，锇成为人们关注的焦点，当时的详细研究显示，锇是已知密度最大的金属。锇的密度和强度使其与其他铂族金属一起被用于制造各种合金，制造钢笔的笔尖或早期黑胶唱片机的唱针。锇的沸点很高，曾在一段时期内代替过灯泡中的钨丝。德国照明公司欧司朗（Osram）的名字由锇（osmium）和钨（wolfram）组合而成，强调了它们在早期的使用。如今，人们每年提炼出来供使用的锇不足 100 千克。

20 世纪 90 年代，锇取代了铱，成为密度最大的过渡金属。

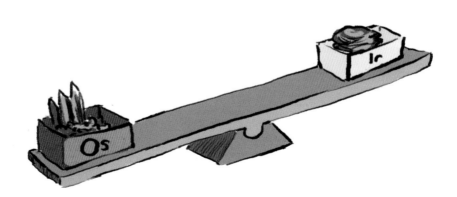

铱（Iridium）
77

原子序数	77
原子量	192.217
丰度	0.001mg/kg
半径	135pm
熔点	2446℃
沸点	4428℃
构型	[Xe] $4f^{14} 5d^7 6s^2$
发现	1803 年，S. 台耐特

铱

比彩虹还稀有

1803 年，英国人史密斯森·台耐特从铂的不溶性杂质中发现了 77 号元素。铱能生成多种多样的盐化合物，颜色鲜艳得如同蜻蜓的彩虹翅膀。

台耐特参照希腊女神伊丽丝（Iris）的名字把这种金属命名为铱——伊丽丝是彩虹的化身。铱与所有过渡元素一样，多彩的颜色是铱多种氧化态的表现。

化学的奥秘

↑ 通过观察世界范围内的铱层，人们推测在 6600 万年前，一颗巨大的陨石轰击了地球，很可能导致了恐龙的灭绝。

进入地球内部

铱是地壳中最稀有的元素。同其他重金属一样，大部分铱在地球还处于初期的熔融态时，沉入了地球的地心。地外小行星和陨石中发现的铱含量要更为丰富，因此，铱沉积丰富的地方明显就是小行星轰击地球之处。

20 世纪 80 年代，路易斯·阿尔瓦雷茨（Luis Alvarez）和他的儿子沃尔特（Walter），以及海伦·米歇尔（Helen Michel）、弗兰克·阿萨罗（Frank Asaro）四人组成的团队在沉积岩中发现了一个铱元素浓度很高的薄层。之后，他们在意大利发现了另一个薄层，其中铱的含量是天然丰度的 30 倍，后来又在丹麦的新西兰岛上发现了铱的含量是天然丰度 160 倍的薄层。今天，人们把这一地质层称为白垩纪-古近纪界线，它定义了地球历史上约 6600 万年前的一段较短的时代。这个团队认为，这一地质层可能是由一颗大型陨石气化形成的。

↑ 铱的硬度极高,足以承受火花塞尖端的火花。

恐龙的灾难

这样的灾难会把数吨尘埃和碎片抛入高层大气,挡住太阳光。尘埃经过多年的时间才会沉淀下来,许多依赖阳光的动植物都会灭绝,像恐龙这样的大型动物肯定也会灭绝。这就是著名的阿尔瓦雷茨假说,它根据阿尔瓦雷茨父子领导的调查而提出。铱的特征提供了一些最让人信服的证据,表明是陨石轰击引发了大规模的地球生物灭绝。

我不会变形

铱是目前已知最耐腐蚀的金属,每年约有 6 吨投入使用。铱十分昂贵,人们只会少量使用,或是将其与其他金属制成合金。只有铱能经受住火花塞电接触导致的机械冲击和热冲击,火花塞通过铱来点燃内燃机的燃料。

测量距离的时候,你最不想看到尺子的刻度发生形变。1889 年制造的标准米杆,是以密封在巴黎保险库中的一根金属棒为依据的。它由 90% 的铂和 10% 的耐磨金属铱制成,以防止发生任何形变,1960 年以前一直是人们制作所有尺子参照的标杆。

铱的熔点非常高,因此用它制造的坩埚能够承受住熔融硅所需的温度。硅在坩埚中慢慢冷却,形成大晶体,这种晶体对电子工业而言必不可少。

探测细胞核

铱原子是首个证明穆斯堡尔效应的原子:原子核吸收和发射 γ 射线,不会存在反冲而损失能量。化学家可以通过这个过程确定原子核质子和中子的能级。

铂（Platinum）
78

原子序数	78
原子量	195.084
丰度	0.005mg/kg
半径	135pm
熔点	1768℃
沸点	3825℃
构型	$[Xe]\,4f^{14}\,5d^9\,6s^1$
发现	1735 年，A. 乌略亚（A. de Ulloa）

铂

　　16 世纪的西班牙征服者眼中只有黄金。他们在淘洗金子的时候，不断地碰到大量的白色金属，这让他们十分恼火。他们认为这是还没有成熟的黄金，就将其扔回河里，等它们熟成黄金。

　　这种白色金属似乎魅力不足，让人们觉得它连银都不如，便给它起了个名字"铂"（劣质银）——78 号元素得名于人们对它的轻视。他们对这种白色金属知之甚少，但它其实比黄金还稀有珍贵。

高冷

铂在化学和物理上都是一种高度稳定的金属。铂是最耐化学腐蚀的金属之一，只溶解于浓硝酸和盐酸的混合物。因此，铂多用于医疗器械、假肢、无腐蚀性的实验室容器和电器触头上。

铂的熔点极高，所以很难成型和塑型。提炼和加工铂的难度非常大，法国国王路易十六甚至认为铂金属只适合国王使用。

汽车的过去、现在和未来

铂还具有良好的催化反应能力，被广泛应用于工业中。目前，铂最常用于汽车尾气的催化转换器——把有毒的一氧化碳转化为二氧化碳。

铂能够催化水的分解，生成氧气和所需的氢燃料，因此也在氢动力汽车中发挥主导作用。如今，铂的稀有性和对铂的需求，让它比黄金更加珍贵。

↓ 当年西班牙征服者认为，黄金比铂金更为珍贵。

化学的奥利

金（Gold）
79

原子序数	79
原子量	196.9666
丰度	0.004mg/kg
半径	135pm
熔点	1064℃
沸点	2856℃
构型	$[Xe] 4f^{14} 5d^{10} 6s^1$
发现	公元前 6000 年

金

如果你足够幸运，走路可能都会碰到地里的金块。金在化学中反应不活泼，所以不易形成化合物，也不擅长与其他金属自然形成合金。

大金块

纵观历史，发现大型金矿会引发世界各地的淘金热。想知道每年开采多少黄金是十分困难的，因为开采金矿的人会保密。最大的黄金仓库储量为 3 万吨，位于纽约的美联储银行（Fed Reserve Bank），那里存放着美国等 19 个国家的黄金。

柔软的金币

在所有过渡金属中，金的可塑性最强，而且十分柔软，能用钢刀切割。过去，海盗咬钱币来检验黄金——如果牙齿在金属上留下一个凹痕，就是"真金"。黄金可以被压成只有几十个原子厚的薄片，用来装饰建筑和食物。所有金属中都存在游离电子，因此只需要几个原子，金属就会闪光。

爱因斯坦的颜色

爱因斯坦的狭义相对论解释了黄金的闪光为什么是黄色的。在金原子内部，电子被吸附得十分紧密，运动接近光速。相对论告诉我们，如此高速的运动下，电子对距离的感知会发生变化。电子轨道的能量取决于到原子核的距离，这会导致电子层的能量发生变化。由于能量发生变化，5s 和 6d 外层的电子会比其他金属的电子吸收更多的蓝光，反射出的红色光和绿色光混合在一起，让金整体看起来呈黄色。

↑ 爱因斯坦的相对论解释了黄金内部电子轨道的能量变化，这种变化导致金会吸收蓝光，呈现出黄色。

汞（Mercury）
80

原子序数	80
原子量	200.592
丰度	0.085mg/kg
半径	150pm
熔点	−39℃
沸点	357℃
构型	$[Xe]\,4f^{14}\,5d^{10}\,6s^2$
发现	公元前 2000 年

汞

致命的液体

80 号元素是唯一一种室温为液态的金属，在过去的 3000 多年里，它一直让人们惊恐不已。80 号元素通常被称为水银，古希腊人把它命名为 *hydragyrun*，意思是"液态银"。

分离盐

汞是液态的，它的原子之间没有什么联系，因为汞原子的大小以及汞的 5d 亚层充满了电子。然而，汞和所有过渡金属一样，游离的电子围绕着中心的金属离子，形成了一片电子的海洋，并能够以电流的形式移动。在工业上，汞被用作电极，电解普通食盐氯化钠（NaCl）。电解过程会生成金属钠和氯气，其中在汞阴极生成钠。随后，让大部分钠和水反应，制造出烧碱氢氧化钠（NaOH），过程中会生成副产品氢气（H_2）。

毫米汞柱

汞和其他金属一样，受热会膨胀，因此被用于温度计中。然而，由于汞有高毒性，染色酒精温度计正在迅速地取代汞温度计。

汞金属仍作为测量国际温度的参照物，其他所有温度计都是根据汞来测量的。汞的三相点（一种特殊的温度和压强，让汞可以同时以固体、液体和气体形式存在）出现在正常大气压的 1/50000000、温度为 -38.83440℃ 的情况下，它可用于测定世界各地的温度读数。

汞与人

尽管汞很吸引人，但它具有致命的毒性。大概 1 克汞就足以让人丧命。除了直接接触以外，汞通常以有机金属化合物的形式进入人体。一些水生细菌通过一系列化学反应获得能量，促增了汞对人类的毒害。然而，汞进入人体最多的来源是人为的：化学加工、燃烧化石燃料（含微量汞）或采矿。

这些化合物中的许多分子可以溶解在脂肪中，动物食用后，就会储存在体内。对人类来说，食用吞食过其他鱼类的鱼最危险。一些小鱼大量吞食细菌或植物中的微量的汞并在体内迅速积累。这时，其他鱼类，如金枪鱼，会大量食用这

↑ 有些制帽商用汞化合物来处理材料，因此会导致人们吸收了汞而发狂。

节能紧凑型荧光灯通电后会激发汞蒸气，提供自然光谱的光。

些小鱼，进一步增加自身汞的含量。这种生物积累过程使一些掠食性鱼类体内的汞含量达到致命水平。地球上曾经发生过许多工业汞泄漏的事件，汞流入水体中被鱼类摄入，最终导致许多人食用了这些"致命的鱼"而死亡。

疯子

汞化合物甚至不需要被食用——当它与皮肤接触时就能够被有效地吸收。汞的使用量已经大幅下降，人们已经不再为了生产最好的帽子而使用硝酸汞（II）来处理毛毡和毛皮。汞毒害了许多女帽匠，它会导致幻觉等和大脑有关的疾病，从而诞生了"像帽匠一样疯狂"这个短语。罗马人在化妆品中使用汞化合物，本想让脸变得更美，却最终被毁容。

再次开采

2012 年，欧盟呼吁所有成员国改用节能紧凑型荧光灯，并重新开放此前关闭的矿山，以满足对汞的新需求：电流激发灯泡中的汞，形成蒸气，发出紫外线；紫外线被灯泡内部的荧光粉吸收，重新发出可见光。由于每个节能灯泡都含汞，许多国家便把这种用过的废弃灯泡视作有害垃圾。

后过渡金属

联结两侧

这些金属横跨周期表的第 13—15 族，呈现出一个三角形。三角形中元素的电子构型和原子大小，凸显出元素周期表在对角线上的趋势。

柔软的金属

后过渡金属夹在过渡金属和类金属之间，它们的强度比较低，大多都很软，经常与过渡金属制成合金来改善过渡金属的力学性能。铝是最轻的后过渡金属，强度较低，但强度重量比很高，所以铝单质非常有用。

反应

后过渡金属通常不参与化学反应，而是依靠其化学惰性与其他金属制成合金，或为其他金属覆盖涂层。后过渡金属距离惰性气体较远，必须失去或获得大量电子才能达到理想的稳定状态。单个原子的独立性则导致后过渡金属的熔点低于过渡金属的熔点。

铝比其他金属具有更高的反应性，因为铝没有 d 层电子。如果铝愿意共享电子，铝的电子只需要进行三次跃迁，其核外电子就能达到惰性气体的电子构型。

共价却不导电

在靠近金属与非金属分界线的地方，金属的晶体结构往往通过原子间的共价键共享电子。这和过渡金属中的游离电子十分不同，前者的导电性能较差。

→ 后过渡金属的行为越来越不像金属，反而更像非金属，它们能够形成不同的同素异形体，如金属的白锡（上图）和非金属的灰锡（下图）。

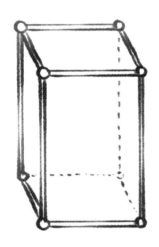

铝（Aluminium）
13

原子序数	13
原子量	26.9815
丰度	82300mg/kg
半径	125pm
熔点	660℃
沸点	2519℃
构型	[Ne] 3s^2 3p^1
发现	1925 年，H. C. 奥斯特

铝

铝无处不在，是地壳中含量最丰富的金属之一。然而，直到 1825 年，人们才首次提取出纯铝。

不费力地提取

铝主要存在于硅酸盐泥浆里，能够良好地与氧原子结合。直到电解过程不断改进，人们才能利用电从化合物中提取金属。1825 年，丹麦化学家汉斯·克里斯蒂安·奥斯特（Hans Christian Oersted）实现了铝的提取，他平静地说道："生成的铝金属，在颜色和光泽上与锡类似。"19 世纪中期，获得铝十分困难，因此人们认为这种金属很有价值。

在 1855 年的巴黎博览会上，一根铝棒被放在了最显眼的位置，它的旁边放着皇冠珠宝。法国皇帝拿破仑三世使用铝制的盘子和刀叉用餐，没那么重要的客人们则使用黄金制成的餐具。

美式英语

英国康沃尔郡人汉弗莱·戴维参照铝的源化合物明矾将这种元素命名为"aluminum"。然而，国际纯粹与应用化学联合会不久后把这个名字的后缀标准化为更传统的"-ium"。1925 年，美国化学学会恢复了原来的拼写——具有讽刺意味的是，美国人最终使用的是英国人戴维原本打算使用的名字。

提供保护

金属在涂了氧化铝纳米保护涂层之后，就不会与空气发生反应。这让铝的应用从电视天线延伸到食品包装，在现代世界中几乎无处不在。卷起铝箔，你会发现铝是一种柔软的金属，它和其他金属制成合金后，却会增加另一种金属的强度。铝减轻了材料的重量，使大型飞机得以飞行，汽车得以跑得更快、更远，用的燃料更少。铝也是一种良导体，自1900 年以来，它在这方面的应用比铜更为广泛。

→ 法国皇帝拿破仑三世认为，只有他自己和最受尊敬的客人才能使用铝制餐具。

镓（Gallium）
31

原子序数	31
原子量	69.723
丰度	19mg/kg
半径	130pm
熔点	30℃
沸点	2229℃
构型	[Ar] 3d^{10} 4s^2 4p^1
发现	1875 年，P-E. L. 德·布瓦博德兰

镓

　　门捷列夫曾经预言了31号元素的存在，他称之为类铝。仅 6 年之后，法国化学家保罗 – 埃米尔·勒科克·德·布瓦博德兰（Paul-Emile Lecoq de Boisbaudran）就发现了该元素，并指出它能够发出清晰的紫色光谱线。

　　勒科克处理了 450 千克的矿石，却只得到了 600 毫克的提取物。随后，他将提取物交给了法国科学院，并将其命名为 callium（源自拉丁语的 Gallia，意为"法国"）。然而，有人说，他用爱国主义掩盖了他的以自我为中心——并不是以法国命名的，而是以拉丁语的 gallus（公鸡）命名，在法语中

太阳能电池中含有砷化镓的半导体材料，它可以利用太阳能让发光二极管（LED）发光。

是 *le coq*（发音是"勒科克"）。十分遗憾，我们永远不会知道勒科克的动机是出于爱国主义，还是想让自己永垂不朽。

像水一样

镓在 29.76 ℃时会形成一种非常稳定的液体；其在 2200 ℃以上才会沸腾，是已知的液体元素中温度范围最广的元素之一。镓是液态比固态密度大的三种元素之一（其他两种是铋和锑），固体镓会浮在液态镓上。我们习惯了水的这种常态，但对于其他物质，这种情况相对罕见。今天我们知道，液态镓原子的周围比固态镓原子的周围围绕的原子更多，但确切原因还不清楚。

太阳能电池和发光二极管

金属镓并没有得到广泛应用，其结晶半导体化合物砷化镓却应用很广泛。当电流通过砷化镓时，发出的不同光可以用来制造发光二极管。在汽车和卫星的太阳能电池中，砷化镓半导体利用太阳能的效率也比硅半导体高。

铟（Indium）

49

原子序数	49
原子量	114.818
丰度	0.25mg/kg
半径	155pm
熔点	157℃
沸点	2072℃
构型	$[Kr]\,4d^{10}\,5s^2\,5p^1$
发现	1863 年，F. 赖希和 T. 李希特

铟

铟的名字源于靛蓝色的光谱线，1863 年，德国化学家费迪南德·赖希（Ferdinand Reich）和希罗尼姆斯·李希特（Hieronymous Richter）发现了铟的存在。

软而黏

铟是一种柔软的金属，即使在低温下也有延展性。此外，它还是一种易于黏结其他金属的元素。在制造专业的低温实验设备时，铟的这两种特性能让它很好地实现两种金属的结合。这种元素的黏性也被用在熔化的金属与金属

化学的奥秘

块结合的焊料中。尽管铟很软，但它和其他金属制造合金时却会提高金属的强度：在金和铂中掺入少量铟，金和铂会变得更坚硬。人们用铟合金来制造会被大量磨损的飞机部件。

视线更清楚

1924 年，全球只有 1 克多一点的纯铟。如今，印度每年提炼的铟超过 600 吨，铟的回收量也相当可观。大约 45% 的铟用于制造铟锡氧化物（ITO），这种化合物对可见光透明，还能导电并让电流通过液晶或发光二极管，从而在显示器上产生图像。

ITO 驱动着从智能手机屏幕到电视屏幕等一切显示器的发展。随着我们对技术永无止境地探索，对 ITO 的需求也不断增长。在气候温热的国家，人们把 ITO 涂在建筑玻璃上，使建筑保持凉爽：因为它在允许可见光进入的同时，阻止了能变暖的红外光。ITO 也被用在飞机和汽车挡风玻璃上，通过电加热来融化冰霜。

铟的重要性让其价格大涨。目前，由于回收效率的提高，铟保持了良好的供需平衡，但一些国家正在囤积铟来制造电子产品。

↑　铟锡氧化物虽透明却能够导电，是触摸屏革命的核心。

铊（Thallium）
81

原子序数	81
原子量	204.389
丰度	0.85mg/kg
半径	190pm
熔点	304℃
沸点	1473℃
构型	$[Xe]\,4f^{14}\,5d^{10}\,6s^2\,6p^1$
发现	1861 年，W. 克鲁克斯

铊

　　这一元素可谓"投毒者的毒药"，在历史上臭名昭著。伦敦皇家科学院的威廉·克鲁克斯（William Crookes）第一个发现铊元素在不纯的硫酸中会放射出清晰的绿色光谱线。

发现杀人犯

　　阿加莎·克里斯蒂（Agatha Christie）在 1961 年的小说《白马》（*The Pale Horse*）中，描绘了一个企图使用铊作为毒药的谋杀者。克里斯蒂在书中对铊中毒的描述十分准确，人

→ 一个英国人在茶里加入铊化合物，导致 3 人死亡，多人患病。

们认为她的作品挽救了许多生命，还帮助逮捕和定罪了一名英国杀人犯。杀人犯把无色无味的铊盐倒入家人和同事的茶里，杀死了自己的继母和两位同事，还让 70 多人致病。值得一提的是，在读完克里斯蒂的书后，一名护士在医生们都束手无策的情况下，成功地识别出一名儿童的铊中毒症状，挽救了这个孩子的生命。

影响

铊具有类似于钾的生物特性，如果摄入，会被泵入细胞中，取代钾的位置，进而破坏细胞内的基本过程。对于铊中毒，通常用普鲁士蓝处理，也就是利用亚铁氰化铁（II，III）的铁（II，III）。普鲁士蓝会通过消化系统吸收金属，然后将其从体内排出。

仍然有用

人类的身体可以随时吸收铊的放射性同位素，因此铊可以用作医用示踪剂。铊 –201 可以对流向心脏的血液成像，可用于冠心病患者的检查；硫化铊或溴化铊的电导率随红外光强度的变化而改变，可被用于光电池和传感器中。

后过渡金属

锡（Tin）

50

原子序数	50
原子量	118.71
丰度	2.3mg/kg
半径	145pm
熔点	232℃
沸点	2602℃
构型	$[Kr] 4d^{10} 5s^2 5p^2$
发现	公元前 3500 年

锡

　　向铜中掺入少量锡，可以让黄铜合金更加坚硬、锋利且易于成形。古代的战士使用铜合金制成的武器，会比用（更软、更钝的）铜武器的对手更有优势。

古代的入侵

　　武器制造让锡成为古代的一种重要商品，甚至锡贸易要严格保密。古希腊人认为在欧洲的西北海岸之外的远方存在着"锡岛"。他们只知道锡会从西北方运来，可能会从西班牙或英国的矿山运来，但"锡岛"实际上很可能就不存在。

1812 年，拿破仑对俄国的远征或许因为锡而失败。在俄罗斯的寒冬中，拿破仑士兵们制服上的锡纽扣都碎了，许多人死于体温过低。

罗马帝国冒险入侵不列颠群岛，很可能就是因为英国的德文郡和康沃尔郡有大量的锡矿。罗马人把锡称为"*stannum*"，把英国西南部的锡矿山称为"*stannaries*"。这些都是拉丁名，于是锡就有了 Sn 这个看似不符合逻辑的元素符号。

乐器的声音

众所周知，锡在低温下可以在各种形式（同素异形体）之间转换，从金属的白（α）锡到非金属的灰（β）锡。这种情况只有纯锡在 13.2℃ 左右时才会发生，掺入任何杂质，这种变化发生的温度都会下降。

许多风琴管或风琴钟都会患上"锡麻风病"：这些乐器都由锡制成，因为锡比所有其他金属发出的声音都更清脆响亮。如今，这些乐器的材料通常由 1 : 1 的锡和铅混合而成，以避免在冬天发生碎裂。还有些人认为，拿破仑·波拿巴之所以在 1812 年对俄国的远征中落败，是因为锡发生了同素异形体之间的转化。

锡在所有元素中是稳定的同位素数量最多的，共 10 个。锡通常不参与化学反应，因此在罐头内壁涂上锡可以防止食品与铁罐发生反应。锡还有许多其他用途，但在价格或性能上已经被其他材料超越。

铋（Bismuth）
83

原子序数	83
原子量	208.98
丰度	0.009mg/kg
半径	156pm
熔点	271℃
沸点	1564℃
构型	[Xe] 4f^{14} 5d^{10} 6s^2 6p^3
发现	1753 年，C. F. 日夫鲁瓦

铋

铋自古就为人所知：印加人用铋与锡制成铋青铜合金来制作刀具。然而，直到 1753 年，法国化学家克劳德·弗朗索瓦·日夫鲁瓦（Claude François Geoffroy）才证明铋是一种元素。

还算稳定

1949 年，《自然》（*Nature*）杂志发表了一篇有关铋 –209 同位素的稳定性问题的文章，此后引发了长期的争论。如果铋 –209 很稳定，那么它就是最重的稳定同位素。但自文章发表以来，所有的文章都认为铋 –209 处于亚稳态——铋 –209 衰变的可能性很小，但仍然存在，且衰变会放射出 α 粒子。直到 2003 年，法国天体物理学家才观察到该同位素的衰变。他们测量出了铋 –209 的半衰期，是宇宙年龄的 10 亿倍，即 1.9×10^{19} 年。从科学角度来说，铋 –209 有放射性，但在所有的实际应用当中，我们可以把铋 –209 当作稳定的同位素。

不像邻居们那么讨厌

尽管铋周围的元素都有剧毒，但铋化合物十分安全——许多化合物的毒性甚至比日常食用的食盐还要低。因此，铋化合物在许多行业都得到了应用：氯化铋能够给化妆品增添金属光泽；硝酸铋氧化物是手术室里使用的一种杀菌剂；次水杨酸铋可用作抗腹泻和消炎的药物。铋的研究领域正在蓬勃发展，许多人希望利用这种金属进行各种催化反应，迄今为止，最成功的是把它用作有机合成的催化剂。

低熔点，用途广

铋金属毒性很低，但物理性质与铅相似，在许多情况下可以作为铅的替代品。在许多国家，用铅弹狩猎是非法的——需要用无毒的铋金属来代替；铋还可以与其他金属混合，用自身的低熔点微调合金的熔点，用于制作焊料或在一定温度下可以熔化的安全阀；铋也曾用于印刷机上的热铸金属活字。

铅（Lead）
82

原子序数	82
原子量	207.2
丰度	14mg/kg
半径	180pm
熔点	327℃
沸点	1749℃
构型	[Xe] $4f^{14} 5d^{10} 6s^2 6p^2$
发现	公元前 7000 年

铅

　　铅是另一种符号不合逻辑的元素，它的符号"Pb"源自罗马文字"plumbum"。英文单词"plumbing"（自来水管道）和"plumbers"（水管工）同样也源自"plumbum"，因为铅还被古罗马人用于家中的水管。古罗马人早已知道铅中毒的后果，但还在使用铅，因为它十分柔软，容易成形。

疯狂与混乱

　　目前，人们还不知道铅在人体内是否会发挥作用，但确知它进入体内后会妨碍一系列的生理过程。铅通常会在血液

化学的奥

中滞留数周，在软组织中滞留数月，在牙齿和骨骼中滞留长达数年。它可以破坏 ALAD（δ – 氨基乙酰丙酸脱水酶）等酶，而 ALAD 对于血红蛋白的合成十分重要。大脑对铅最为敏感，它会把铅误认为钙并直接由神经元吸收。铅会破坏神经细胞，阻止细胞发射信号，同时阻止细胞接收来自其他神经细胞的信号，从而造成各种各样的认知疾病。

铅中毒很可能就是罗马帝国覆灭的原因。人们把含糖化合物醋酸铅（II）添加到甜酒中，导致嗜酒的统治阶级出现了精神失常。这是人们至今争论不休的猜想。

安全用途和不安全的用途

铅盐可以给陶器和塑料着色，因为它能够与材料的原子紧密结合，难以分离。在实验室中，人们用铅容器来盛放强酸，因为强酸对这种金属的反应性较低。

20 世纪 20 年代到 70 年代末，铅作为汽油添加剂的四乙基铅（TEL），让发动机运转平稳的同时也造成了毁天灭地的后果。四乙基铅导致了广泛的铅污染，致使无数动物中毒。四乙基铅由小托马斯·米基利（Thomas Midgley Junior）发明，它还会破坏臭氧的氯氟烃。

↓ 古罗马人曾用铅盐来让葡萄酒变甜，不幸的是，这致使古罗马统治阶级陷入精神失常的状态，很可能由此导致了罗马帝国的灭亡。

类金属

类金属既不是金属，也不是非金属，但其行为与二者都有关。它们分列在元素周期表对角线的两边，这条对角线从硼到砹把 p 区分成了两半。

就像非金属

类金属元素很像非金属，原子通常会组成各种构型，这些构型叫作同素异形体。原子之间主要形成共价键来共用价电子，而不像金属那样形成离子键，不共用电子。

↓ 金属、类金属原子和非金属原子对电子的吸附"欲望"各不相同，因此，能够自由移动并传导电流的电子的比例也不相同。

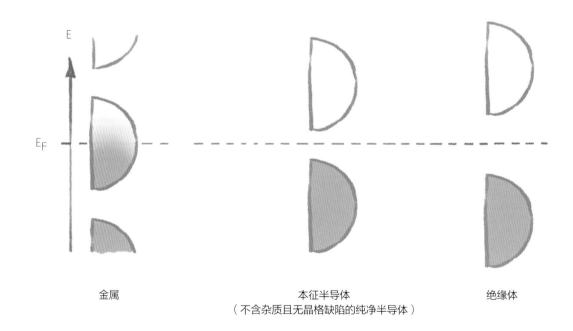

金属　　　　　　　　　　本征半导体　　　　　　　　　　绝缘体
（不含杂质且无晶格缺陷的纯净半导体）

半导体

类金属不像金属那样，有很多游离电子，但仍然能导电。物理学家区分了两组概念，一个是与原子结合的电子的能量（价带），一个是能够导电的游离电子的能量（导带）。在金属中，一些价电子有足够的能量变为游离状态，使自己处于导带中。

然而，在类金属中，价带和导带之间存在着能级差。价电子只有获得额外的能量，才能跃入导带，进行导电。普通环境温度提供的热能就可以让一些电子变为游离态。类金属中游离电子的数量比金属中的要少很多，所以类金属的导电率较低，因此它们常被称为半导体。

当你用光加热或照射半导体，就可以给价电子额外的能量，让电子跃迁至导带，提高导电率。电绝缘体材料不能导电，因为它们的价带和导带之间存在的能级差无法克服。价电子尚未达到让电子进入导带的能量，绝缘材料就会燃烧或熔化。

硼（Boron）
5

原子序数	5
原子量	10.812
丰度	10mg/kg
半径	85pm
熔点	2076℃
沸点	3927℃
构型	[He] $2s^2\,2p^1$
发现	1808 年，L. 盖-吕萨克（L. Gay-Lussac）和 L. J. 泰纳尔（L.J. Thenard）

硼

很多元素都是根据地名来命名的，但美国加利福尼亚州有一个硼镇却是根据硼元素来命名的。小镇因硼砂矿而兴起，硼元素则得名于硼砂矿。

硼是最轻的类金属，它没有固定的构型，却有多种奇奇怪怪的结构（同素异形体）。在绝大多数情况下，硼呈棕色的非结晶形式（无形状），但也有一些自然存在的硼以结晶形式存在。晶体形态发生变化时，最明显的是颜色变化，出现透明的红色、闪亮的银灰色和不透明的黑色。

化学的奥和

→ "Persil" 洗衣粉的名字源于所含的高硼酸钠和硅酸盐成分，能够"比白色更白"。

火箭燃料

　　硼和不同的元素结合，情况会有所不同。硼跟氮结合，会形成柔软的粉状化合物，或者硬度可媲美金刚石的晶体；硼与氢结合会形成五硼烷（B_5H_9），曾在"冷战"时期被用作火箭和喷气飞机的燃料。作为燃料时，硼释放的热量要多于碳，但是硼具有毒性，还会自发爆燃，产生很特别的绿色火焰。因此，人们停止了对它的研究。

保持清洁

　　每个硼原子有三个价电子，可以生成三个化学键，如三氟化硼（BF_3）。在这种状态下，硼还能形成第四个键——该键带一个负电荷，之后会让一个键断裂，再次变为中性。这种特性可以让硼作为出色的催化剂，在原子间传递电子。然而，一些硼化合物很不稳定：过硼酸钠会在温水中分解，释放过氧化氢——一种可以制作洗衣粉和牙齿美白产品的漂白剂。

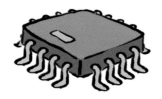

硅（Silicon）

14

原子序数	14
原子量	28.0854
丰度	282000mg/kg
半径	110pm
熔点	1414℃
沸点	3265℃
构型	[Ne] $3s^2 3p^2$
发现	1825 年，H. C. 奥斯特

硅

　　硅是地壳中含量第二丰富的元素，仅次于氧。硅总爱和氧结合。

存在于岩石之中

　　硅的名字源于硅酸盐岩石，这种岩石的种类之多让人惊讶。不同种类的硅酸盐岩石之间的唯一区别就是硅和氧之间存在的金属。大多数晶体都是由重复的结构组成的，在每个单位中，氧原子围绕着硅原子。这些重复结构或直接连接在一起，或由金属原子间隔开来形成长链，产生明亮或五颜六

→ 计算机芯片的晶体管蚀刻在半导体硅的单晶
片上。

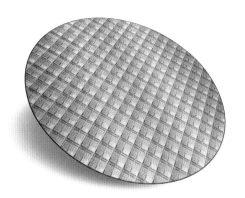

色的晶体，比如日常使用的玻璃。硅酸盐也存在于植物中，如荨麻刺，它们会划破皮肤并注入一些温和的刺激物。

利用石头发电

在自然界中，硅常常会形成二氧化硅（SiO_2），以石英的形式存在。这种晶体在受到挤压或冲击时，会发出轻微的电流震动，被称为压电现象，也是数字时钟的核心工作原理。硅也会像金属一样发光，它的导电性很差，却很善于捕获电子。

计算

硅是所有现代计算机处理器的基础。添加少量的 13 族或 15 族元素，硅就能以不同的方式导电。处理器用这些"不纯的"半导体来捕获和释放盒状结构中的电子，这些盒状结构就是晶格，即切割而成的单晶硅。每个"盒子"表示计算机数据的一个二进制位，计算机计算进程中，盒子的状态每秒可以变化多次。硅的这种应用是所有现代电子产品的核心，对技术革命有重大意义。

锗（Germanium）

32

原子序数	32
原子量	72.63
丰度	1.5mg/kg
半径	125pm
熔点	938℃
沸点	2833℃
构型	[Ar] $3d^{10} 4s^2 4p^2$
发现	1886 年，C. A. 温克勒

锗

锗是门捷列夫在 1869 年预测得最准确的元素，32 号元素类硅（eka-silicon）。

让那里有光

锗和许多金属一样，富有光泽，十分坚硬，可以作为催化剂。锗能透过红外线，还是半导体。锗和二氧化硅结合，可以让红外信号畅通无阻地通过光纤，连通世界。锗善于反射高能量的光，在各种 X 射线应用场景中作为反射镜。

锗是一种半导体，用途堪比硅，但没有硅更常用。锗主

化学的奥秘

要被用于生产发光二极管（LED）。锗能与邻族元素掺杂，形成带正电的 p 型半导体和带负电的 n 型半导体。元素掺在一起时，会形成巨大的能级差。施加电流时，电子就会获得足够的能量，进行能级跃迁，从而发出光。

还有暗……物质

锗半导体探测器对带电荷的原子或粒子也非常敏感，它被用于世界各地的机场安检扫描，以识别行李中是否含有辐射。锗探测器也被用于寻找暗物质，有科学家认为，暗物质约占宇宙的 27%，但暗物质是否存在仍有待定论。

二氧化锗化合物可以催化 PET 塑料的聚合反应，来生产饮料瓶，不过，欧洲和美国采用其他的生产方法。1886 年，德国化学家克雷门斯·亚历山大·温克勒（Clemens Alexander Winkler）发现了锗元素（Germanium），并以自己的祖国（Germany）命名。

向中空玻璃管中填充四氯化锗气体，然后在管中心加热，形成纯氧化锗玻璃，从而生产出了光纤电缆。

砷（Arsenic）

33

原子序数	33
原子量	74.9216
丰度	1.8mg/kg
半径	115pm
熔点	817℃
沸点	在616℃升华
构型	[Ar] 3d^{10} 4s^2 4p^3
发现	公元前2500年

砷

致命的骗子

13世纪时，人们通过一次化学反应发现了砷，这个时间远早于科学革命。砷作为一种元素被提取出来，这要归功于涉足炼金术的天主教主教阿尔伯特·马格纳斯（Albertus Magnus）。

马格纳斯把铜精炼后的产物——白砷（三氧化二砷，As_2O_3）放在橄榄油中加热，析出了灰黑色的类金属元素砷。砷的名字可能来源于波斯语 *zarniqa*，意思是"黄色"（三硫

化学的奥

19 世纪时，用亚砷酸盐染成绿色的墙纸上长出了霉菌，释放出了砷。1821 年，拿破仑·波拿巴的身体十分虚弱，有一种观点认为，就是亚砷酸盐杀死了拿破仑。

化二砷矿物的名字），古人将其用作染料。

壁纸杀手

直至维多利亚时代，人们一直用带有砷氧负离子的亚砷酸盐制作"巴黎绿"和"舍勒绿"染料，这两种染料有着无与伦比的活力。亚砷酸盐还被广泛地用于给墙纸乃至糖果着色，当时，许多人在家中死亡也许就是它导致的。

受潮时，一种特殊的霉菌（东莨菪碱）可以把亚砷酸盐转化为挥发性化合物三甲胺。三甲胺分子很容易通过人们的呼吸被人体吸收。1821 年，拿破仑被流放到了圣赫勒拿岛，他住在一间贴着绿色墙纸的房间里。有人认为，正是这种"绿墙纸"杀死了拿破仑。

砷能和头发中的角蛋白紧密结合：2008 年，研究者检测出拿破仑头发的砷含量是现代人平均含量的 100 倍。这可能是因为在 19 世纪，人们经常接触许多含砷染料和胶水，砷在人体内会长期积蓄。然而，其他研究表明，拿破仑的头发中的砷并非以有机形式存在，而是以矿物的形式存在，这说明是有人蓄意投毒。激烈的争论仍在继续。

生物作用

砷能和许多重要酶的活性部分紧密结合，让酶失去作用。砷最大的影响是破坏三磷酸腺苷（ATP）的生成，ATP 是一种向细胞提供能量的分子。体内的砷酸盐离子会和磷酸盐离子争夺资源，但细胞缺乏能量就无法完成修复任务，最终导致身体多器官衰竭而死亡。

18—20 世纪，许多砷化合物被用于制药。20 世纪初，德国诺贝尔奖得主保罗·埃利希（Paul Ehrlich）研发出一种叫作洒尔佛散（Salvarsan）的砷凡纳明（arsphenamine）"魔弹"，用来对抗性传播感染——梅毒。如今，洒尔佛散已为抗生素取代。在过去的 500 年间，人们用三氧化二砷（As_2O_3）来治疗癌症和一些皮肤病，如银屑病。20 世纪末至 21 世纪初，美国政府在拒绝了其他的治疗方法后，批准使用三氧化二砷来治疗一种白细胞癌症——急性早幼粒细胞白血病。

虽然三氧化二砷在历史上被广泛地使用，甚至还作为预防药物被添加在鸡饲料中，不过目前，这种有毒金属的使用量在不断下降。

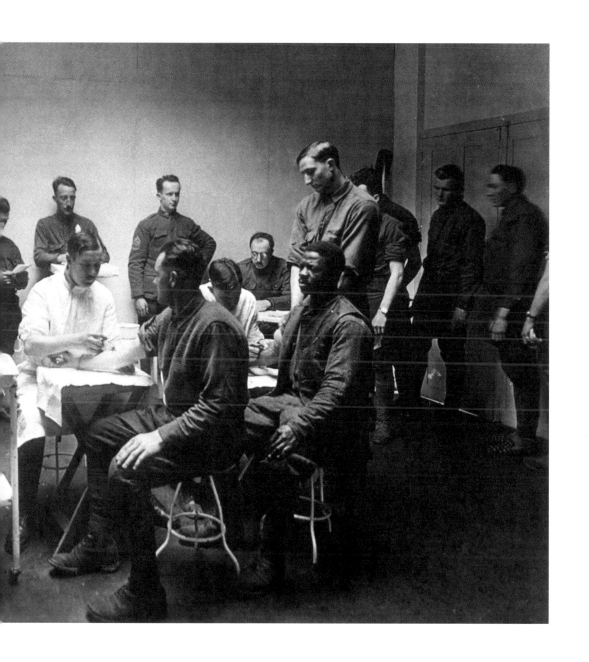

↑　美国士兵在排队等待注射含砷的"魔弹"洒尔佛散，以治疗性传播的感染——梅毒。

锑（Antimony）
51

原子序数	51
原子量	121.76
丰度	0.2mg/kg
半径	145pm
熔点	631℃
沸点	1587℃
构型	[Kr] $4d^{10} 5s^2 5p^3$
发现	公元前 3000 年

锑

锑的毒性和砷一样高，但关于锑，医学界有着长期激烈的争论。早在公元前 1600 年左右，古埃及人就使用硫化锑作为睫毛膏，并以希腊语 *anti-monos* 命名，意为"不孤单"。

易爆的一面

锑元素在自然状态下，有四种不同的存在形式（同素异形体）。锑的黑色和黄色同素异形体处于亚稳态，倾向于变成稳定而闪亮的灰色金属锑，但导电性能很差。第四种同素

化学的奥

莫扎特长期使用锑酊。锑酊会引起呕吐。当时的人们相信锑酊能够净化身体，去除体内的疾病。

异形体是通过电解制成的，接触时会发生爆炸，并通过爆炸和放热后重新排列成灰色金属的构型。

催吐

　　如今，人们认为锑是有毒的，会造成严重的肝损伤。不过，在古希腊和 17 世纪的欧洲，医生会开出锑的药方：酒石酸锑被用作催吐剂来诱导呕吐，进而清除身体中的有害物质。莫扎特酷爱锑酊，人们认为，也许就是这种嗜好让他在 1791 年去世。

拒不燃烧

　　在现代，锑最大的用途是三氧化二锑（III）——Sb_2O_3。Sb_2O_3 和卤素同时被添加到材料中，这两种物质会协同作用，成为阻燃剂。在高温下，三氧化二锑（III）会和卤素反应，生成三卤化物，如三氯化锑（$SbCl_3$）；或者含氧卤化物，如氯氧化锑（$SbOCl$）。这些化合物能够捕捉燃烧释放的自由基，防止大多数碳基材料失控燃烧。人们用其生产儿童服装、玩具和室内装饰织物等日常用品。

碲（Tellurium）
52

原子序数	52
原子量	127.6
丰度	0.001mg/kg
半径	140pm
熔点	450℃
沸点	988℃
构型	[Kr] $4d^{10} 5s^2 5p^4$
发现	1783 年，F-J. M. 冯·赖兴施泰因

碲

如今，人们发现碲存在于其他金属矿石电解后的残渣中。1783 年，弗朗茨－约瑟夫·米勒·冯·赖兴施泰因（Franz-Joseph Müller von Reichenstein）在罗马尼亚的西比乌发现了一种含有碲化金（$AuTe_2$）的矿石。

和地球的关系

赖兴施泰因发现碲后，他把关于碲的文章发表在一本不知名的杂志上。直到 1796 年，他把含碲的样品寄给了德国化学家马丁·克拉普罗特（Martin Klaproth），这种元素才

化学的奥秘

引起了人们的注意。克拉普罗特证实了这一发现，并建议用太阳系中唯一一颗尚未出现在元素周期表上的行星来命名："tellurium"，来自拉丁语 *tellus*，即"地球"。

书写自己的历史

碲主要作为其他金属的添加剂。碲中添入钢或铜，可以使它们更容易加工；添入铅，则会让铅更坚固耐用。一氧化碲，实际上就是碲和二氧化碲的混合物，常被用于制造可写的光学介质，如 DVD。激光可以让这种晶体化合物的光学性质发生显著变化，让数据能够写入磁盘。碲能够和镉结合，生成碲化镉半导体晶体，从而更高效地把阳光转化为电能。碲的应用前景十分光明，碲元素能够与锗和锑结合，用在下一代相位转换计算机存储芯片中。

难闻的口气

碲对人体有轻微的毒性，通常会取代硫或硒，参与生物反应。微量的碲会让人产生难闻的口气。我们的身体会代谢所有形式的金属，产生二甲碲化物。（CH_3)$_2$Te，这是一种挥发性化合物，会产生大蒜般的刺鼻气味。

↓ 激光能够使氧化碲发生变化，从而将数据写入 DVD 光盘。

钋（Polonium）

84

原子序数	84
原子量	(209)
丰度	2×10^{-10} mg/kg
半径	190pm
熔点	254℃
沸点	962℃
构型	$[Xe]\,4f^{14}\,5d^{10}\,6s^2\,6p^4$
发现	1898 年，居里夫妇

钋

　　元素周期表的 84 号元素是一种天然放射性元素，由 47 种同位素组成，原子量从 187—227。钋 -210 是最常见的一种同位素，产生于铀 -238 的衰变链中。1898 年 7 月，玛丽·居里和皮埃尔·居里宣称发现了这种元素。

波兰

　　居里夫妇写到，"我们相信，我们找到的物质……含有一种迄今未知的金属，经过分析，它的性质和铋相似。如果新金属的存在得以证实，我们建议把它命名为 polonium，以

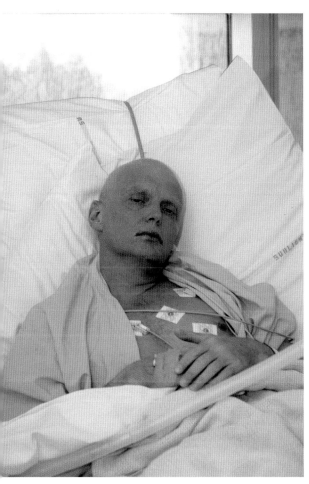

↑ 2006 年 11 月 23 日，亚历山大·利特维年科在伦敦一家医院去世，这是仅有的一例钋中毒记录。

纪念玛丽·居里的祖国"。（玛丽出生和成长于波兰，不过大部分科研工作在巴黎完成。）

居里夫妇的这篇论文引发了他们和许多德国放射化学家之间的一系列争论。争论的焦点是，这有可能是铋的激发态，而不是其他元素。直到 1910 年，皮埃尔去世后，玛丽和同事安德烈-路易·德贝尔恩（André-Louis Debierne）才通过光谱学明确地鉴定出了这种元素。

死亡

钋有放射性，与其他类金属相比，毒性也极高，因此它的化学性质鲜为人知。这让钋成为已知的最致命的物质之一，不足 1μg（微克）钋就会导致死亡。事实上，如果摄入大约 50mμg（十亿分之一克）钋，就能达到平均的致死剂量。众所周知，2006 年 11 月亚历山大·利特维年科（Alexander Litvinenko）在伦敦去世就与钋有关。钋也被用作引爆某些类型的原子弹的触发器。

非金属

生命、宇宙及万物的主要成分

元素周期表上的金属居多，种类是非金属的 5 倍，尽管如此，在宇宙中，非金属原子的数量要远远多于金属原子的数量。属于非金属的氢和氦，占整个宇宙的 99%，超过一半的地壳、海洋和大气由氧构成。地球上几乎所有生命都由非金属即碳组成，只有少量的金属散落在世界各地。

金属

不会显示出金属特性的元素是非金属。一种材料的化学、电学、物理和机械性能，都在一定程度上和其原子的价电子的行为有关。金属很乐于放弃它们的价电子来形成离子键中的阳离子。金属中的价电子会变为游离态，由规则排列的带正电的金属离子共享。自由运动的电子会在电场的作用下移动，高效地导电。电子形成一片海洋，导致金属原子间的键合较弱，金属的熔点较低，不过金属也因此变得柔软，富有韧性（能被拉伸成细线）。

非金属

非金属中的惰性气体是化学性质最稳定的一族元素，它们不想和大多数物质发生化学反应。所有元素都希望达到惰性气体的电子构型，从而实现稳定。元素周期表右边的非金属，距离稀有气体很近，所以不愿意失去拥有的电子，反而想要得到更多的电子。它们往往表现出与金属相反的特

化学的奥秘

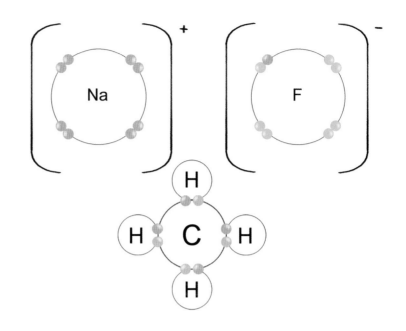

→ 离子键（上图）是指在两个原子之间发生电子的交换。在愿意失去电子的金属和迫切想得到电子的非金属之间，通常会形成离子键。共价键（下图）是指电子的共享，主要形成于两种非金属之间，因为它们都不想失去电子，而是与另一个原子共享电子，从而更加稳定。

性，在离子键中形成阴离子，而不会形成阳离子。非金属会形成共价键结构，其中大多数是小分子，并不会通过共享游离电子而连在一起。非金属全都是电绝缘体，硬而脆，熔点很高。

当然，这种说法也有例外，而且在金属和非金属内部，不同物质的性质差别也很大。

对角线

较轻的非金属原子紧紧地抓住电子形成很高的电离能，要想除去最外层的电子就需要很大的能量。随着原子尺寸的增大，原子核的引力受到屏蔽，原子核也逐渐远离外层电子，同时对电子的引力也会减弱。电子容易被移除，它们会变为游离电子，形成围绕阳离子的电子云，此时元素也显示出了更多的金属特性。在一个周期内，原子尺寸从左往右逐渐减小；而在同一族中，原子尺寸从上往下逐渐增大，这就形成了一条对角线，它分隔开了金属元素和非金属元素。非金属通常是较差的电导体和良好的电绝缘体，因为它们的电子被吸引得十分紧密，不会发生游离。

进一步分类

非金属通常分为三大类：多原子非金属、双原子非金属和稀有气体（单原子非金属）。

多原子非金属

碳、磷、硫、硒等多原子非金属可以形成双键、三键或四键。这种键的多样性，能让它们产生各种各样的同素异形体：元素的不同形式。多键能让这些元素形成大的三维晶体、二维平面晶体或一维晶体链。根据原子尺寸的大小，这些同素异形体在室温下通常是固体。

双原子非金属

氮、氧和卤素都属于双原子非金属。这些元素能形成单键或双键，通常存在于双原子分子中，通过化学键连接在一起。这些分子不会形成更大的结构，因此在室温下多以气体形式存在。液体溴和固体碘却是两个例外，这些分子的电子云较大，分子的相互作用会增强。

稀有气体是单原子非金属，它们不希望获得电子，也不希望共享电子。

↑ 电离能在周期内变化，原子尺寸在同族内向下增大，引起了元素的性质沿对角线方向发生变化，这就产生了一条阶梯线，它是不同元素的金属行为和非金属行为之间的分界线。

碳（Carbon）
6

原子序数	6
原子量	12.0112
丰度	200mg/kg
半径	70pm
熔点	3527℃
沸点	4027℃
构型	[He] $2s^2 2p^2$
发现	公元前 3750 年

碳

自成一门化学

　　碳十分特殊，甚至产生了自己的科学领域——有机化学。之所以赋予碳这个荣誉，是因为碳元素能够与自己成键；它是最重要的多原子非金属元素，有最多的碳化合物和同素异形体。你可以把几十个、几百个甚至几千个碳原子接在一起，创造出更复杂的化合物或者一系列单质。

四个碳键——金刚石

你有没有想过，为什么钢铁大桥带有三角形的结构？答案是三角形结构受力最均匀。金刚石有重复的四面体结构，这是大自然的终极设计。任何力作用于一个原子上，都会被相连的另外四个碳原子平分，而这四个碳原子会把平分后的力再分给另外四个碳原子。

天然钻石形成于地球深处，因为生成这种同素异形体需要极高的温度和压力。地质剧变，如构造板块的移动或火山喷发，把金刚石冲到地表，从而被人们发现。近年来，科学家们在实验室中找到了一种方法，使用金属催化剂高效地人工制造钻石。人们可以把人造金刚石制成薄薄的一层，用于

↓ 碳能够形成最多的同素异形体：单一元素原子的不同结构。

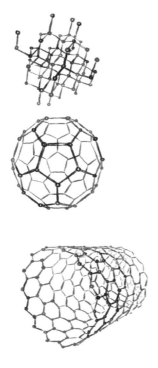

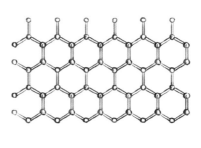

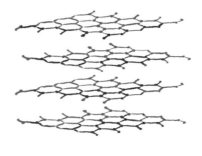

制造更锋利的砖石钻孔和切割工具。此外，人们还在深入研究这种最坚硬材料的其他用途。

金刚石的四个价电子都紧紧地束缚在碳-碳共价键中，没有空间可以移动。这意味着电子不能吸收任何光，跃迁到更高能级，也没有电子移动形成电流，因此，金刚石也是目前已知的最好的电绝缘体。热量可以高效地通过晶格，这说明金刚石在导热方面也十分出色。

三个碳键

在同素异形体中，碳原子可以和其他三个碳原子结合成键，形成重复的六角形图案。因为只形成了三个键，所以每个碳原子多出来的第四个价电子在离域的电子云中共享，使得碳的同素异形体能够在不同的程度上导电。游离电子也让这些碳结构可以吸收光线。

一组大小不规则、只有一个原子厚的任意薄片，即石墨——可以从铅笔芯脱落到纸上。石墨看起来是闪亮的黑色，因为游离电子可以在各种能级间自由移动，能够吸收和发出任意波长的光。拿起胶带，从石墨上粘下一层，你就得到了石墨的单原子层，这就是被誉为"21世纪神奇材料"的石墨烯。这种石墨只有一个原子那么厚，上面和下面的游离电子有望进行基于碳的电子学应用和计算，不过目前还未找到它的实际用途。安德烈·海姆（Andre Geim）和康斯坦丁·诺沃肖洛夫（Konstantin Novoselov）在2004年发现了碳的这种新的同素异形体，从而获得了2010年的诺贝尔物理学奖。

正如我们可以使用一张二维的纸做出一个三维模型，这些二维的碳平面可以形成大量的三维同素异形体。二维平面完全折叠时，可以形成一个球体，就像一个拼接的足球。每种同素异形体的形状都对电子的运动有不同的限制，因而它们吸收光的波长也不同。在自然光下，碳-70看起来呈红棕色，碳-60则呈现出一种奇妙的洋红色。

石墨烯薄片卷起来会形成碳纳米管。这种微小的吸管状结构可以在两端打开，也可以闭合一端，或者两端都闭合。游离电子可以沿着管道迅速移动，让石墨这种较差的电导体变得差不多跟金属一样。

一个或两个碳键

碳原子几乎是所有的酶和有机分子的骨架。在这些分子中，大多数碳原子跟一两个或者更多的碳原子结合，形成不同长度的碳链。偶尔，碳也会形成六角环，类似在石墨中看到的环。各种元素都与碳结合，由于氢的丰度比较高，碳主要与氢结合。不同的碳分子有不同的功能，对这些分子的研究就是有机化学。有机分子的种类十分庞大，因此在识别和

↓ 有机化学的领域多样而广泛。我们总结了一些常见的官能团（下图），它们连接在碳氢链上形成各种各样的有机分子。

官能团样例

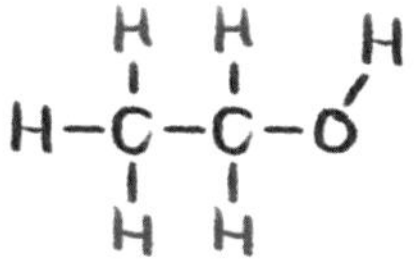

酒精

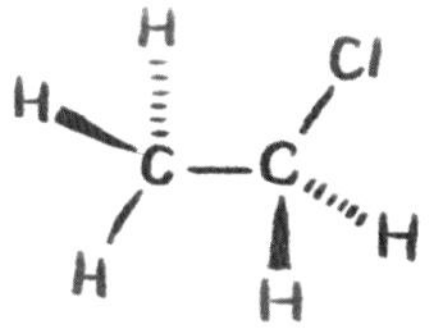

卤代烷

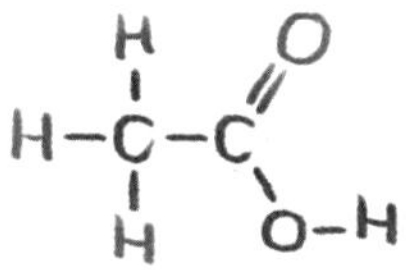

羧酸

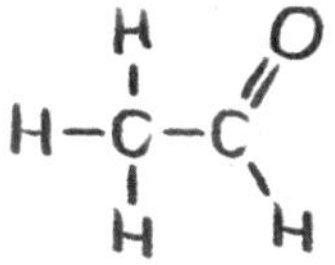

醛

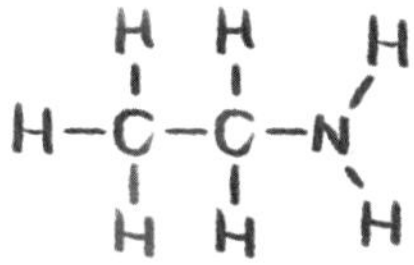

伯胺

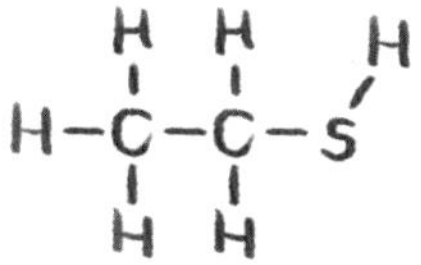

硫醇

命名这些化合物的时候，需要遵循一些规则。

这些由碳和氢组成的链叫作烃，烃是所有化石燃料和塑料的构成基础。有机化合物就是根据附在烃链上的官能团来分类的。烃连上氧和氢（C-O-H），就形成了酒精，即会让人沉醉上瘾的乙醇；通过形成双键（O=C-O-H），连上一个额外的氧原子到碳原子上，就产生了羧酸，如醋酸——即放在食物中的醋；连上氮，就会得到胺和酰胺；连上硫，就会得到硫醇和硫醚；加入不同数量的氮、硫和磷原子，就会产生不同的氨基酸，它们组成了蛋白质和核酸（DNA）。

再考虑碳-碳键本身的结构，会产生进一步的分类。所有的键都是碳-碳单键（C-C）的碳氢化合物叫作烷烃；如果碳氢化合物中有一个碳-碳双键（C=C），那么这就是一个烯烃；如果碳氢化合物中有一个碳-碳三键，那么这就是炔。人们可以通过一个叫作聚合的过程，来形成双键-烯或三键-烯，过程中会断裂碳原子间多余的键，转而与其他碳基分子相连。例如，乙烯分子 $H_2C=CH_2$，它们之间就可以相互连接，形成任何长度的长链，制造聚乙烯塑料。

碳原子可以组成六角形的环，原子之间生成交替的单双键，从而得到芳香族化合物。苯是芳香族化合物中最基本的一种碳氢化合物，只有一个氢连在六角形环的每个碳上。芳香族化合物的名字源于有香味的苯，但并非所有的芳香族化合物分子都有气味。如果你在环中加入另一种多原子元素，比如氮，就会得到杂环化合物。核酸（DNA、RNA）、维生素和类固醇只是众多杂环化合物中的几个代表。

这些小分子的质量都小于 1000g/ mol（摩尔，物质的量单位），也就是每个原子的原子量小于 1000。这些分子也具有生物活性，比如小的杂环分子咖啡因，会让你保持清醒。在酶中，许多有机分子由分子中心的金属离子来协调。金属

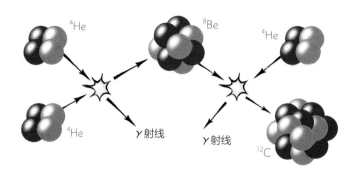

← 三重 α 过程，三个高能氦原子融合，形成一个高能碳 –12 原子。

离子会改变有机分子的形状，来适应其他的特定分子，还会加速生物反应。

必不可少的激发态

碳在地球上十分丰富，因为它是聚变反应链的关键元素，在恒星的核心形成更重的原子核。但是核合成领域开始的时候，围绕着 6 号碳元素似乎产生了难题。如今，我们看到的碳 –12 的数量似乎也不太可能都是通过核聚变产生的。英国宇宙学家弗雷德·霍伊尔（Fred Hoyle）曾说，要创造出在我们的世界里见到的稳定碳 –12 原子核，必须存在一种高能量、激发态的碳。这引发了人择原理哲学思想的出现，该思想认为：宇宙之所以以现有的方式存在，是因为人类存在并在观察它。

随后，在地球上的实验中，人们发现了碳的激发态。

化学的奥秘

磷（Phosphorus）
15

原子序数	15
原子量	30.9738
丰度	1050mg/kg
半径	100pm
熔点	44℃
沸点	277℃
构型	[Ne] 3s² 3p³
发现	1669 年，H. 布兰德

磷

尿液中的运气

德国商人亨尼格·布兰德为了寻找传说中的"魔法石"（一种可以把铅变成金子的石头），大量地投入资金并最终倾家荡产。无奈之下，布兰德就用手中能找到的一切东西继续进行实验。

符号为 P，在尿液中被发现

1669 年，布兰德将尿液中的水分蒸发掉，继续加热残

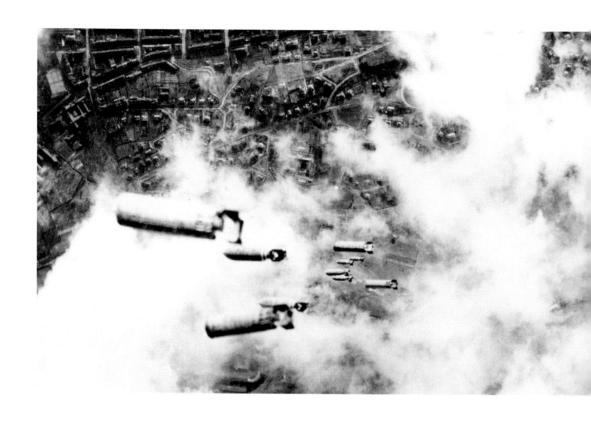

留物，至残留物变红。他把蒸气收集起来，放在水下，凝结出白色粉末。这种物质一旦暴露在空气中就燃烧起来，发出明亮的白色火焰。无意中，布兰德就成了第一位发现这种新化学元素的人。他把这种粉末（或者说元素）命名为 phosphorus，源自希腊语 *phosphoros*，意为"带来光明"。

令人讨厌且有害

这种同素异形体叫作白磷，它有着黑暗的过去，曾在 20 世纪的战争中被制作成示踪弹、燃烧弹和烟幕弹。1943 年 7 月，正值第二次世界大战最激烈之际，2.5 万吨磷弹被

↑ 第二次世界大战期间，盟军向德国德累斯顿市投放燃烧弹。人们利用磷在空气中会燃烧的特性，至今仍用它制造燃烧弹。

化学的奥秘

投到了汉堡（Hamburg，德国西北部城市）——这也是第一个被投放磷弹的城市。更危险的是人们用磷制造沙林等化学武器。沙林是一种神经毒气，它会中断神经细胞之间的信号，造成毁灭性的后果。20 世纪 80 年代，伊拉克曾使用这种武器。1995 年，恐怖分子在东京地铁释放了沙林毒气，造成 12 人死亡、近 1000 人受伤的重大伤亡事件。

重要且充满活力

在布兰德发现磷元素 100 多年后，人们发现，磷元素更多地来自骨骼而非尿液。骨骼和尿液中的磷元素的形式是磷酸盐 PO_4^{3-}，由此可见，该元素在生命中是多么常见。磷酸盐在许多重要的有机分子的结构中发挥着关键作用，包括编码地球上所有生命的分子：脱氧核糖核酸（简称 DNA）。磷酸盐大量地存在于骨骼中，磷酸钙盐会使骨骼变得更加坚硬。

磷酸盐参与形成三磷酸腺苷分子（ATP），把能量传递至人体的每个细胞中。氧气参与呼吸，释放葡萄糖中的能量。释放的能量会通过电子沿着化学传送带传递，"传送带"的末端是二磷酸腺苷分子（ADP）；能量足够把一个额外的磷酸基附加到腺苷上，从而生成能量更高的 ATP 分子。随后，ATP 被运送到身体各处，传递到细胞中。在细胞内部，ATP 转换回 ADP，释放能量——细胞利用这些能量，控制其他化学反应。随后，ADP 被回收，再次生成 ATP，以供循环使用。一个普通成年人每天呼吸合成 ATP 的质量相当于自己的体重。没有这种分子，我们体内就没有维持生命的能量。

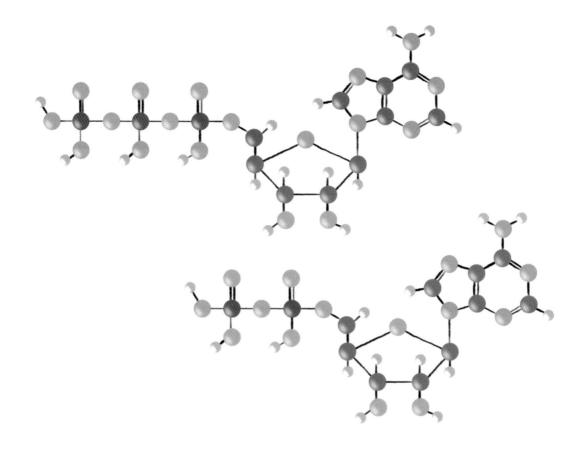

用途

　　磷和氮、钾一起构成了植物肥料的主体。磷元素的主要工业用途就是生产植物肥料。同素异形体红磷不像白磷那么易燃，但它几乎能在任何表面摩擦燃烧，所以多年来一直被用在非安全火柴的火柴头上。磷酸钙通常从骨头中提取，可用于生产精细瓷器，"骨瓷"也由此得名。在普雷克斯流程（Purex process）中，溶解在煤油中的三丁基磷酸盐可用于提取废弃核燃料中的铀。

↑　一个磷酸基能添加到一个二磷酸腺苷（ADP）分子中，用来储存能量；移除磷酸基就会释放能量。这个过程会把能量传输到我们身体中的细胞。

化学的奥秘

硫（Sulfur）
16

原子序数	16
原子量	32.062
丰度	350mg/kg
半径	100pm
熔点	115℃
沸点	445℃
构型	[Ne] $3s^2 3p^4$
发现	1669 年，H. 布兰德

硫

超级难闻，却是重要的酸

　　史前时期，硫在自然界中以多种形式存在。硫拥有 30 个同素异形体，可谓拥有最多固态同素异形体的元素。硫是一种黄色固体，最常见的同素异形体是环八硫（S8），它在 115℃左右会变为血红色液体，燃烧时会发出蓝色火焰。硫也会形成环，环上的原子数有 5—20 个不等。

酸雨

动植物的遗骸经过数百万年的受热和挤压，会形成化石燃料。硫存在于氨基酸中；氨基酸结合在一起，就形成了所有生命形式中都存在的蛋白质和酶。因此，煤炭、石油和天然气中都含有硫元素，它们燃烧时产生的气体中就有二氧化硫（SO_2）。二氧化硫与水接触会发生反应，生成硫酸（H_2SO_4）或亚硫酸（H_2SO_3）。这种反应发生在云层中，就产生了酸雨。为了防止产生酸雨，就要对液体和气体燃料进行预处理，尽可能多地去除硫。燃煤电厂也会处理燃烧后产生的气体，去除硫后再排放到大气中。

臭味

《圣经》中提到"上帝把硫黄降在所多玛和蛾摩拉"，"罪人必死在硫黄的火湖里"。这番描述表明，燃烧的硫黄散发出的味道，就是某些硫化合物的气味。"地狱的味道"是指活火山周围有大量的硫化氢（H_2S）。这是硫在没有氧气的情况下的一种还原形式，会散发"臭鸡蛋味"，让人们的嗅觉十分难受。

含有还原形式的硫的有机化合物都散发着相同的气味。硫醇的气味十分难闻，人们甚至把它添加到无味的甲烷、丙烷或丁烷中，成为气体泄漏的臭气报警器。臭鼬也用硫醇化合物来抵御捕食者。

硫酸盐存在于各种食物饮料中，一些细菌已经进化到了把它作为能量来源的地步。硫酸盐还原为硫化氢的过程会释放能量，类似于人类的呼吸过程；把氧气还原为水（H_2O）的过程则会获得能量。坏掉的啤酒、陈年葡萄酒，还有最典型的臭鸡蛋，都会散发出让人反胃的气味，让人们联想到还原形式的硫。

↑ 硫氧化物溶于水，会形成酸。空气中存在水蒸气，落下时就成了酸雨；酸雨会破坏石雕，毒害土地。

化学的奥秘

用途

　　硫酸是工业上使用最多的化学物质，每年生产的硫酸中有 85% 都投入了工业使用。硫酸催生了许多重要的工业化学品，几乎应用于所有行业。硫酸如此重要，人们甚至把它的产量视作一个国家工业实力和生活质量的指标之一。硫酸还和粮食生产的总量直接相关，它主要用于生产化肥；此外，它在处理废水时也必不可少。

↓　臭鼬用含硫的硫醇化合物来保护自己。

硒（Selenium）
34

原子序数	34
原子量	78.971
丰度	0.05mg/kg
半径	115pm
熔点	180℃
沸点	685℃
构型	[Ar] $3d^{10}4s^2 4p^4$
发现	1817 年，琼斯·雅可比·贝采里乌斯，G. 甘恩

硒

有机硒化合物的恶臭常为它的邻居硫所掩盖，不过硒也在最难闻的元素之列。

导电

你从化学家口中听到最多的是：硒和硫很相似，但没硫那么有趣。硒有很多同素异形体，常见的颜色有黑色、红色和灰色。其中，灰硒最常见，它由长达 1000 个原子的巨链连接成环状。

稍微施加一点光能，硒–硒键内的电子就会进入游离态，

化学的奥秘

→ 每天吃一颗巴西坚果，就可以满足人体每日的
  硒摄入量需求。

材料就能导电。人们把硒的这种特性用在早期光电池的光探
测器上。

补充剂

很多人每天服用硒补充剂——有许多研究表明，硒也许
能够预防癌症，但现在并没有确凿的证据。坚持服用硒的人
表示，硒能提高维生素 E 的抗氧化能力，减少 DNA 中氧自
由基的破坏。要找到确凿的证据来证明或反驳这种说法，还
需要更多的研究。

人体只需要少量硒。硒存在于我们日常摄入的各种食物
中，尤其是坚果、金枪鱼和龙虾。

混乱

瑞典的琼斯·雅可比·贝采里乌斯和约翰·戈特利
布·甘恩从开采的矿石中生产工业硫酸来赚钱。1817 年，
人们注意到，制造硫酸会产生一种奇怪的红色副产品。这种
物质燃烧时发出的气味很像碲化合物。1818 年，贝采里乌
斯发现矿中没有碲化合物，因此表示这种物质一定含有一种
新元素。他建议以月亮的名字"selenium"（硒）来命名这种
新元素（希腊语 selene），因为碲是以地球的名字命名的（希
腊语 tellus）。

N

氮（Nitrogen）
7

原子序数	7
原子量	14.0072
丰度	19mg/kg
半径	65pm
熔点	–210℃
沸点	–196℃
构型	[He] 2s² 2p³
发现	1772 年，D. 卢瑟福

氮

氮约占空气的 78%，但它的发现比同一族中其他元素晚了 100 多年。人们花了很长时间才明白，氮是一种独特的元素，因为它一直和其他气体混在一起。

毫无生气

化石燃料和碳酸盐岩会释放出二氧化碳（CO_2）。动物处于只有二氧化碳的气体中，就会死亡。氮也能达到同样的效果，因此人们认为它们是同一种物质。直到 18 世纪 60 年代，亨利·卡文迪什把这种 "mephitic"（意为 "没有生命

化学的奥秘

的”）气体通到碱性溶液中，除去了二氧化碳，只留下了氮气。卡文迪什正确地指出，剩余气体的密度略小于空气。之后，他并没有公布这一发现。1772 年，苏格兰科学家丹尼尔·卢瑟福（Daniel Rutherford）在做了类似的实验后，发表论文对此进行了描述。

强连接

人们在空气中发现了氮，也就是双原子分子 N_2。氮具有同元素的两原子之间已知的最强化学键。氮原子在三价键中共用三个电子，形成了低能稳定的氮分子。人们在许多炸药的化合物中都分离出了氮原子。氮原子聚在一起，形成了稳定的 N_2，总能量十分低，因此有大量能量可以释放，即发生爆炸。

赋予生命

氮能形成氨基 $-NH_2$, 它是氨基酸的关键成分，在生命中扮演着重要的角色。氨基酸分子结合在一起，就形成了蛋白质，参与身体的大部分生物过程。氮也存在于核酸中，核酸连接在一起，就形成了 DNA，从而编码生命。氮约占我们体重的 3%，是人体中含量第四丰富的元素，仅次于氢、碳和氧。

三键把氮原子结合在一起，比任何化学键都更为牢固。

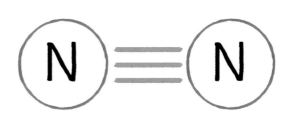

氧（Oxygen）
8

原子序数	8
原子量	15.9992
丰度	461000mg/kg
半径	60pm
熔点	–219℃
沸点	–183℃
构型	[He] $2s^2 2p^4$
发现	1774 年，J. 普利斯特里（J. Priestley），C. W. 舍勒

氧

双幻核

氧元素的名字源自希腊语 *oxy genes*，意思是"成酸的"，这也许能向你透露一点氧的反应性。氧易于和其他原子结合。氧的储量也十分巨大，对地球生命的存在十分重要。

氧是地球表面含量最丰富的元素，也是宇宙中含量第三丰富的元素，仅次于氢和氦。氧原子的形成经历了更多的阶段，通过核聚变，形成于恒星的核合成过程。同其他元素相

化学的奥秘

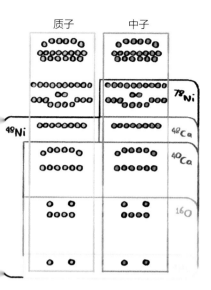

质子　　　中子

⁷⁸Ni

⁴⁸Ni　　　　⁴⁸Ca

⁴⁰Ca

¹⁶O

电子填充原子核外的能级，中子和质子填充核内的能级。中子和质子层完整的同位素具有"双重魔力"，并且比其他同位素稳定得多。

比，氧原子可以形成于体积更大或更小的恒星上，这是因为氧原子有着双幻特性。

填充一个核

在本书中，我们讨论了电子能层的填充状态与元素的化学反应性之间的关系。惰性气体有完整的电子层，化学性质最稳定、最不活泼。核子（质子和中子）加入一个原子的核中时，比如在恒星的核聚变中，也会填充核中的能级。

像电子一样，我们可以用三个量子数来粗略地定义核内的能层。考虑核子的特征自旋时，还会增加复杂性。考虑所有因素时，前 8 个核子层可以容纳的核子数如下：2、6、12、8、22、32、44、58。

一个原子核如果有一个完整的质子层和一个完整的中子层，那么它就有着神奇的魔力，比其他情况下更稳定。双幻核是指原子核的两种类型的能层都全部充满的核。氧 –16 有 8 个质子和 8 个中子，是第二轻的双幻核，它的前两个核层都完全充满，从而提高了核稳定性。因此，氧在各种恒星核聚变的多个阶段都能发挥作用。

在地球上

氧是一种非常活泼的元素，主要是因为它的两种同素异形体有未配对的电子，所以氧希望通过结合来达到惰性气体的核外电子结构。在地球早期，所有的氧元素都含在化合物中。地球上岩石的含氧量约为 46%，大部分以二氧化硅的形式存在——沙子是最常见的二氧化硅。由于氧含量十分丰富，还具有反应性，许多从地下开采出来的金属也都是氧的化合物。氧也能够和碳结合，生成碳酸盐，如石灰石。我们怎么能忘了海洋？约有 86% 的氧和氢结合，生成水（H_2O）——生命所能期冀获得的最佳溶剂。

在生命中

氧与碳结合，也会形成气体。早期的大气主要就是二氧化碳（CO_2）。如今，氧气，即双原子分子 O_2，在我们呼吸的空气中约占 23%，这都归功于一些小细菌——它们通过光合作用把水和二氧化碳融合在一起，产生了糖和氧气。其他细菌能够利用产生的废物来释放储存在糖中的能量，这个过程叫作呼吸。植物和动物都能够进行呼吸。在进化中，植物拥有了光合作用的能力，动物则依靠细菌产生的糖和氧气获得了生存和生长的能量。

双原子伙伴

双原子形式的 O_2 十分有趣，因为它周围有一对未配对的电子。把氧气一直冷却，它会变成液体。你会看到呈现蓝色的液体氧，这是电子吸收其他的光能所致。氧也是一种磁性液体，电子能够与施加的磁场保持一致。这些电子让氧有很强的反应性，它们几乎可以和任何物质反应，从而跟其他电子配对。

三原子不祥之兆

臭氧 O_3，多出了一个氧原子，也多出了未配对的电子，从而能吸收更多的光并呈现深蓝色。臭氧的磁场较强，因为能够与磁场对齐的电子数增加了；反应性也更强，因为未配对电子数也增加了。在上层的低温大气下，氧气和紫外线相互作用产生了臭氧。高能的紫外线会让 O_2 中的氧原子间的键断裂，随后，游离的氧原子会和另一个 O_2 分子结合，形

↑ 海平面上的氧的常见双原子形式（上图），其同素异形体臭氧（下图）较不稳定，通过与地球上层大气中的紫外线相互作用而形成。

化学的奥秘

成臭氧。

臭氧对地球上的生命至关重要，因为它会吸收上层大气中的高能紫外线，阻止紫外线照射到地球表面。这让生物体能够进行复制和修复——DNA 这种能够分裂的分子不会因辐射而遭到破坏。

然而，到了地面上，臭氧就变成了一种危险的污染物，它通常是燃烧化石燃料形成的。臭氧很容易和碳氢化合物分子发生反应，干扰植物的光合作用，并产生有毒烟雾。O_3 分子的能量高于 O_2 和单个氧原子，所以 O_3 并不稳定。臭氧如果进入较温暖的低层大气，就会受热分解，因此臭氧通常不会在地表大量存在。

↓ 下图按照时间顺序展示了由于氯氟烃的逃逸，造成了臭氧层空洞的增大。

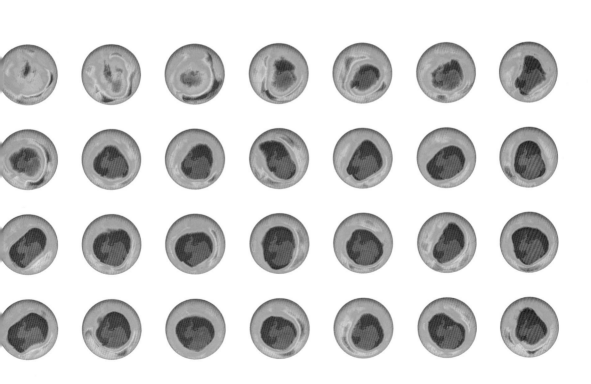

卤素

"Halogen"（卤素）这个词从拉丁语翻译而来，意思是"产生盐"，因为这些非金属能够与绝大多数金属反应，形成离子键合的盐。氯化钠是最常见的盐，可用于食品调味。1811 年，德国化学家约翰·萨洛莫·克里斯托夫·施威格（Johann Salomo Christoph Schweigger）首次提出用"卤素"来命名当时新发现的 17 号元素，后来，英国科学家汉弗莱·戴维把该元素命名为 chlorine（氯）。

三种物质状态

卤素是周期表中唯一一族在标温标压下有着三种状态的元素：氯为气体；溴为液体；碘为固体。卤素都是双原子分子，两个原子之间以共价键结合。气体的卤素有从浅黄色的氟到紫色的碘，五颜六色。固体的卤素外观各不相同：氟是透明或不透明的白色，碘却有着深灰色的金属光泽。

反应

所有的第 17 族卤素都很想再得到一个电子，以达到化学上的稳定，就像它们的邻居惰性气体一样拥有完整的电子层。原子越小，带正电荷的原子核吸引电子受到的屏蔽作用就越小。氟是最小的卤素，因此反应性最强，碘的反应性则最弱。人们认为，砹的反应活性和碘类似，但由于砹具有高放射性，科学家尚未完全弄清它的化学性质。

↑　室温下，氯气呈黄绿色，碘液呈红棕色，碘固体呈灰色具金属光泽。

化学的奥秘

氟（Fluorine）
9

原子序数	9
原子量	18.9984
丰度	585mg/kg
半径	50pm
熔点	-220℃
沸点	-188℃
构型	[He] $2s^2\,2p^5$
发现	1886 年，H. 莫瓦桑（H. Moissan）

氟

需求最强的元素

氟原子生来就为了得到电子，哪怕得到一个电子也能获得快乐。氟作为一种反应性极强的元素，常常被用来杀菌和消毒。氟化物离子可以增强牙齿的力量，也被大量用于制药行业。

很强的吸引力

两个电荷离得越远，它们之间的引力就越弱；如果距离变为原来的两倍，引力就减小到原来的四分之一。如果这两个电荷是异性电荷，即一个正电荷和一个负电荷，那么它们之间的力就是引力。一个小原子在紧紧地抓住它的电子的同时，还可以让其他原子接近原子核。因此，小原子就会对附近的电荷（如其他原子中的电子）施加更大的力。

在同一个周期中，从左往右，质子不断增加，因而原子对同一层电子的引力也越来越大，原子就越来越小。氟原子是第 2 周期中最小的没有完整电子层的原子：只差一个电子就有完整的电子层了。因此，氟十分不情愿放弃任何一个电子，反而十分渴望得到一个额外的电子，并且氟的大小能够有力地吸引电子。

反应性

氟原子有着吸引电子的能力，加之十分渴望让电子层充满，这让氟成为反应性最强的非金属。除了氦和氖（它们对电子的束缚牢不可破），氟能够和元素周期表上的每一种元素反应。氟也是唯一能够"说服"较重的惰性气体，和它们发生反应的元素。

夺走共享

氟的吸引力十分强大，它形成的大多数金属氟化物都是离子型化合物；氟会抢走一个电子，从而让金属原子变为离子。当金属失去了一些电子，在氧化态 +5 价以上时，它们才可以通过共价键共享电子。非金属的外层价电子层已经接近完整，也不想自己的电子被夺走，因此，大多数非金属和氟之间的键也是共价键。

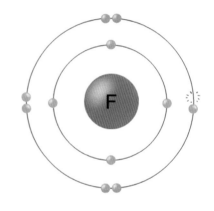

↑　较小的氟原子只差一个电子就能拥有完整的电子层了，它知道如何吸引电子。

　　　　　　　　　　　　　　　　　化学的奥秘

消毒和加固

在化合物中，氟离子为 F^-，得到了所需要的全部电子，因此有许多安全的用途。最常见的用途是制造牙膏，牙膏里面含有氟化钠或氟化锡。我们的牙釉质是一种钙磷化合物，叫作磷灰石；大多数磷灰石都含有一个羟基（OH），组成羟基磷灰石 $[Ca_5(PO_4)_3OH]$。酸中的氢离子（H^+）很乐意攻击羟基（OH）并分解磷灰石，从而导致牙齿受损。

牙膏中的氟化物能够发生反应，取代磷灰石中的羟基，形成氟磷灰石。氟化物与磷灰石形成的化学键越强，就越不容易被酸分解，为我们的牙齿提供了更好的珐琅质保护。

电负性

氟分子（F_2）中的氟-氟键非常弱，因为每个氟原子都在不断地寻找另一个原子中可用的电子。氟的吸引力十分强大，也能在不同的元素之间形成最强的化学键。氟和碳形成

→ 在牙膏中添加的氟离子，可以取代保护牙齿的磷灰石分子中的氢氧根，生成的氟磷灰石更能抵抗酸的侵蚀。

的键，比碳-碳键和氟-氟键的平均强度要高很多。1932 年，美国化学家莱纳斯·鲍林采用电负性这一概念量化键的强度。氟是元素周期表中电负性最强的元素，如果它和另一个电负性很强的元素结合，形成的键也会非常强。

来自上空的危险

氟和氯能够与碳形成强键，生成十分稳定的化合物。美国人小托马斯·米基利发明了氯氟烃（CFCs），它多年来一直被用作冷藏中的冷却剂和气溶胶中的推进剂，二者在极端的温度或压力下都不会分解。这些气体被释放后，就会循环进入上层大气。

如果氟氯烃不遇到高能量的紫外线，它就会被臭氧（O_3）吸收——臭氧的能量足以分解很强的氯-碳键和氟-碳键。这种"光解作用"（$CCl_3F \rightarrow CCl_2F + Cl$）会产生自由基：含有未配对电子的离子。自由基会攻击臭氧，形成氧化物和双原子氧气（O_2），但在此之前，会先生成更多的氧自由基（O_2^-）。这种连锁反应导致臭氧层严重耗竭，使地球上危险的紫外线照射区不断增加。现在，全世界范围内已经禁止使用含氟氯烃而改用替代产品——这种产品使用含氟的氢氯氟烃（HCFCs），仍然借用了氟的力量，目前占世界上氟使用量的 90%。

Cl

氯（Chlorine）

17

原子序数	17
原子量	35.452
丰度	145mg/kg
半径	100pm
熔点	-102℃
沸点	-34℃
构型	[Ne] 3s^2 3p^5
发现	1774 年，C. W. 舍勒

氯

1774 年，瑞士－德国化学家卡尔·威廉·舍勒首次发现了这种黄绿色的气体，但他没有意识到自己的这项伟大发现，而误认为这种气体是某种其他元素的氧化物。

1810 年，汉弗莱·戴维进行了与舍勒同样的实验，让盐酸与锰（Ⅳ）氧化物发生反应，得出的结论是：舍勒确实生成了单质氯。这一发现要归功于舍勒，给它命名的却是戴维。氯（chlorine）源自希腊语 *chloros*，意为"黄绿色"。

战争

德国化学家弗里茨·哈伯（Fritz Haber）研发出了氯气的工业生产方法，使其成为第一次世界大战中第一种被投入使用的化学武器。人体吸入氯气时，氯气会溶于肺中的水，生成盐酸，这会刺激产生大量液体，腐蚀肺部，最终溺死受害者。对峙军队中都有受过特殊训练的化学家，他们的任务是在战场上制造毒气。

消毒

在世界范围内，氯被广泛用于消毒饮用水或游泳池的水。1850年，内科医生约翰·斯诺（John Snow）追踪到霍乱的爆发源是伦敦西区的一个水泵，他首次提出使用氯来给水消毒。此外，他还使用氯仿（$CHCl_3$）这种化合物作为麻醉剂，帮助维多利亚女王生下两个孩子。如今，氯也被用来制造漂白剂和清洁产品。

← 氯气是第一次世界大战中第一种被用于战争的化学武器。士兵戴着防毒面具，以保护自己免受氯的致命伤害。

化学的奥秘

溴（Bromine）
35

原子序数	35
原子量	79.9049
丰度	2.4mg/kg
半径	115pm
熔点	-7℃
沸点	59℃
构型	[Ar] 3d^{10} 4s^2 4p^5
发现	1826 年，A. J. 巴拉尔、卡尔·罗威（C. Löwig）

溴

半个世纪以前，溴元素被用于从灭火器到镇静剂等一系列产品中。如今，溴的使用并不广泛，但它有一些用途无可替代，因此其全球产量还在持续增长。

有机溴

人们主要用溴元素来制造溴化阻燃产品。阻燃材料燃烧时会产生氢溴酸，它能与氧原子结合，从而阻止氧原子和燃料进一步反应。塑料中也添加了这种物质以防止燃烧，比如电视屏幕和笔记本计算机的外壳。

另一种阻燃分子是五溴二苯醚，令人吃惊的是，人们在鲸脂中发现了这种物质。这些分子含有放射性的碳–14同位素，证明了它们来自生物源。这说明，在海洋中的某处，有细菌在为我们制造阻燃剂。

臭味

溴不像其他元素，总有一种天然的同位素占主导地位，溴–79和溴–81同位素的数量各占一半。1826年，在法国蒙彼利埃，24岁的安托万-杰罗姆·巴拉尔（Antoine-Jérôme Balard）把酸添加到海盐残渣中，形成了一种油红色液体。巴拉尔向法国科学院提交了报告，说这是一种新元素，随后他证实了溴的发现。溴的名字源于希腊语 *bromos*，意为"恶臭"，因为它能产生难闻的蒸气。溴是室温下仅有的四种液态元素之一，其余三种为铯、汞和镓。

↑　地中海中，有一些软体动物的身体会呈现紫色，这是因为它们含有一种溴化物——这种颜色叫作提尔亚紫色，曾作为罗马皇帝的服装染料。

化学的奥秘

碘（Iodine）
53

原子序数	53
原子量	126.90447
丰度	0.45mg/kg
半径	140pm
熔点	114℃
沸点	184℃
构型	$[Kr] 4d^{10} 5s^2 5p^5$
发现	1811 年，B. 库尔图瓦

碘

对生长至关重要

碘是一种有毒的元素，但碘离子对复杂生命的生长至关重要。

发现

19 世纪早期，拿破仑战争愈演愈烈，制造军队火药的原材料供应出现了短缺。过去，人们一般烧木头来获取硝石；现在，工厂更多使用海藻来生产硝。年轻的法国化学家伯纳德·库尔图瓦（Bernard Courtois）创办了一个家族企业，开设了一座工厂。1811 年，库尔图瓦进行实验，往海藻灰中加入了浓硫酸，他看到释放出的紫色蒸气在容器边缘结晶，不禁大吃一惊。库尔图瓦发现了一种新元素，他把它命名为"iodine"（碘），源于希腊语 *iode*，是"紫色"之意。

↑　缺碘会导致甲状腺发育不良，智力和身体发育迟缓。

克汀病

早在 19 世纪，中欧地区许多人患上了克汀病，表现为身体和精神发育严重受阻。克汀病多发于阿尔卑斯山，人们认为是山区空气不流通或山谷的水质很差导致的。当时，英国旅游指南甚至把这个地方称为"克汀山谷"。现在我们知道，这种疾病是碘缺乏引起的，更准确地说，是饮食中缺乏碘离子 I⁻ 的盐。

甲状腺肿

碘的水平会影响颈部的甲状腺。甲状腺能够产生激素（化学信使），控制身体中许多系统生长和运转的速度。缺碘会引起甲状腺肿大——患者的脖子会明显地粗肿。碘很容易被腺体吸收，因此可用于对甲状腺进行放射治疗，如利用其放射性同位素碘 -131。

对生命必不可少

碘的天然来源主要是海水，浓度为 0.05ppm（0.05/1000000）。远离海洋产品，人吃的植物就缺乏碘元素，饮食中也没有碘元素。碘元素被发现两年后，一位富有开创精神的医生让-弗朗索瓦·宽德（Jean-Francois Coindet）在日内瓦给甲状腺肿患者注射了碘，使之很快康复，从而证明了碘和甲状腺之间的重要关系。如今，许多国家在出售的食盐中

都添加了少量碘，加之现代饮食结构也更加均衡，碘引发的疾病也较少出现了。不仅人类需要碘，如果蝌蚪生活的水中没有碘，蝌蚪就长不出腿，无法长成青蛙。一般来说，碘是生命所需要的最重的元素，只是在极少的情况下，一些特殊生态位中的细菌酶会使用更重的钨元素。

清洁

少量的碘离子是生命的必需品，但碘元素却是相当有毒的。碘的化合物具有一些实际用途。例如，碘酊一直以来被用作消毒剂，它含有液态的碘元素，能溶于乙醇和水；再如，人们通常在伤口和擦伤处涂点碘酒，在手术前也用碘酒擦洗患处，防止感染。

碘会在水中溶解，形成碘三离子 I_3^-，可用于多种不同的化学分析。碘离子能够嵌入淀粉中的直链淀粉分子，产生非常明显的深紫色。我们经常在高中的生物学中进行这样的淀粉测试，以证明叶子的某些区域通过光合作用产生了淀粉。如果罪犯把假钞印在含有淀粉的纸张上，假钞就容易被识别。

← 蝌蚪在水中需要碘才能发育成熟。

At

砹（Astatine）

85

原子序数	85
原子量	(210)
丰度	3×10^{-20}mg/kg
半径	无数据
熔点	302℃
沸点	337℃
构型	[Xe] $4f^{14}5d^{10}6p^5$
发现	1940年，科尔森、麦肯齐和赛格雷

砹

自然界中存在放射性的砹，它是一种不常见的铀衰变链的产物。砹是已知最稀有的自然元素，据估计，在任何时期，整个地壳中砹元素的含量都不到50毫克。

搜寻

1938年，意大利在墨索里尼的领导下，通过了反犹太法，禁止犹太人在大学中担任职位。当时，锝的发现者埃米利奥·赛格雷正在美国加州参观伯克利实验室，身为犹太人的他决定留下来。正是在这里，赛格雷发现了第二个人造元

化学的奥秘

赛格雷不仅发现了锝和砹，还发现了亚原子粒子反质子，他因发现反质子而获得了 1959 年的诺贝尔物理学奖。

素即 85 号元素，这也是他发现的第二个元素。赛格雷和戴尔·科尔森（Dale Corson）、肯尼斯·麦肯齐（Kenneth MacKenzie）一起，用 α 粒子轰击铋金属板。在元素周期表上，铋离砹只差两个元素，因此铋吸收了一个 α 粒子后，就生成了砹-211。

人们发现，砹-211 同位素的半衰期（有一半样品发生放射性衰变所需的时间）约为一小时的 7%。砹元素最稳定的形式是砹-210 同位素，不过半衰期也只有 8.1 小时。

砹排在碘的下方，其原子质量和性质十分符合元素周期表的规律。三位科学家一直服务于战争需求，尤其是"曼哈顿计划"，直到 1945 年，他们才给砹元素命名为"astatine"，源自希腊语 astatos，意为"不稳定的"。

使用

目前，砹元素还没有什么实际用途，不过在未来，它有望用于医学当中，来治疗癌症和进行癌症成像。砹-211 衰变时会释放 α 粒子，它是靶向放射中攻克小簇癌细胞的理想选择。较小的二次衰变链会产生一个好处，即可以发出 X 射线，从而让医生精确地追踪砹在体内的位置。

稀有气体

　　门捷列夫主要关注化学反应中的趋势，因此他无法预测不反应的第 18 族稀有气体。

冷漠

　　所有稀有气体都有完整的电子层，因此，它们对其他元素的原子乃至自己的原子都没有兴趣。在标准温度和标准大气压力下，这些元素都以单原子气体的形式存在。由于不爱参与化学反应，这些气体被命名为"高贵的"气体（noble gases）——历史上，贵族对普通人也十分冷漠，不是吗？

罕见

　　除了氩以外，大气中存在的微量稀有气体只能从液化的空气中提取。1883 年，波兰科学家齐格蒙特·弗洛伦蒂·乌鲁布莱夫斯基（Zygmunt Florenty Wróblewski）和卡罗尔·奥兹斯基（Karol Olszewski）首次制造出了液态空气。他们对气体进行压缩，待压缩的热气体冷却到室温后，再通到另一个容器进一步冷却之后再压缩，不断地循环这个过程，最终制得了液态空气。这种液化空气技术由威廉·汉普森（William Hampson）和卡尔·冯·林德（Carl von Linde）不断改进，1895 年，两人申请了该项技术的专利。威廉·拉姆赛和莫里斯·特拉弗斯（Morris Travers）收集了 18 升"氩气"，委托汉普森把气体液化，然后两人利用液化后的气体发现了其余的稀有气体。

化学的奥

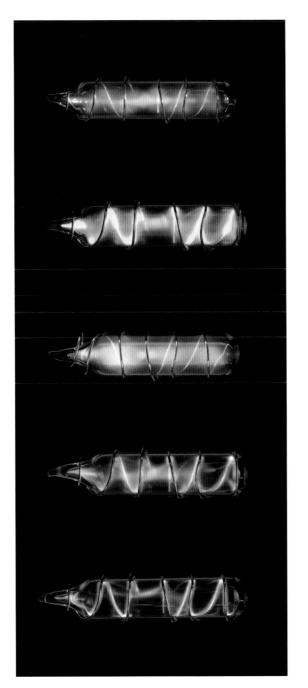

五颜六色

把稀有气体通入放电室，气体会发出独特的光线，据此可以识别不同的气体。稀有气体会产生活泼鲜艳的颜色，在化学性能上又十分稳定，因此非常适合被用于各种电气照明。

← 用大电流通过稀有气体，能够激发其发出特有的光谱颜色。
从上到下为：氦、氖、氩、氪和氙。

氩（Argon）

18

原子序数	18
原子量	39.948
丰度	3.5mg/kg
半径	71pm
熔点	-189℃
沸点	-186℃
构型	$[Ne]\,3s^2\,3p^6$
发现	1894 年，瑞利男爵和 W. 拉姆赛

氩

第一个稀有气体

氩的发现极具意义。在大气中它是第一个被发现的稀有气体，含量极为丰富。

发现

人们发现氩后不久，又发现了一个问题：从空气中制取的氮气和从氨气中释放出来的氮气密度相差了 0.5%。1785年，亨利·卡文迪什写到，他怀疑空气中还存在另一种气

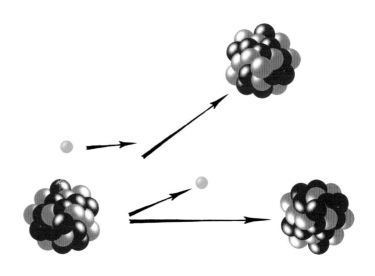

氩是最常见的稀有气体，因为它是重元素放射性衰变的终点。钾-40 同位素有 11% 的概率会衰变形成稳定的氩-40。

体。直到 1894 年，瑞利男爵（Lord Rayleigh）和威廉·拉姆赛进行了一项实验，才证实了卡文迪什的猜测。他们把空气与热铜反应生成氧化铜，除去了氧气；随后把空气通过高温镁，生成了氮化镁，除去了氮气。镁是少数几种能和气体反应的金属之一。

　　然后，他们把剩下的空气和氧气一起通过火花室，确保氧气和可能的气体发生反应（例如，在闪电时，氮能够与氧结合），再把气体氧化物通过弱碱溶液从空气中除去，再次通过热铜除去过量的氧气。他们不断地重复这个过程，每次的变化都很小，直到重复多次以后，提取出了少量气体，两人才感到满意。不同气体在膜片上使用扩散速率不同，气体就可以分离出来，这个过程叫作"微孔分气法"（atomolysis），不过残留的样品并不纯，他们无法满意地测量出样品的密度。尽管仍然有残留的氮，但根据光谱线可以看出，这种气体确实是一种新元素。

普通的稀有气体

拉姆赛和瑞利把各种物质和氩放在一起，没有发生反应，因此他们把它命名为"氩"，源自希腊语 *argos*，意为"懒惰的"。结果表明，氩约占空气的 1%，是最常见的稀有气体之一，其中大部分为同位素氩 –40（99.6%），还有微量的氩 –36（0.34%）和氩 –38（0.06%）。氩含量较多，是因为自然产生的钾 –40（半衰期为 1.25×10^9 年）天然存在于岩石中，在 11% 的时间里会发生电子俘获，产生稳定的氩 –40；另外 89% 的时间，氩发生 β 衰变，产生放射性钙 –40。地球物理学家使用钾氩定年法，通过测量岩石中氩气的含量来测定岩石的年龄。

放射性产生的大量氩 –40 导致地球上氩的总原子量大于下一号元素钾的原子量。这一情况在发现时十分令人费解，直到亨利·莫斯利根据原子序数解释了这一现象。

在太空中罕见

在没有放射性钾的地方，氩同位素的含量就大不一样了。恒星中心产生的氩主要由氩-36 同位素组成。测量表明，在太阳风中，氩-36 占了太阳喷出的氩及其他粒子的 84.6%。

氩-40 是最稀有的，发现于太阳系巨行星冰冷的外层大气中。氩同位素的主要成分是恒星产生的氩-36，约为氩-40 的 8400 倍。在多岩石火星的大气中，含有 1.6% 的氩-40，与地球相似。1973 年，"水手号"探测器发现水星的大气层非常稀薄，其中 70% 是氩。人们认为，氩是由于水星表面的岩石发生放射性衰变而释放出来的。

懒惰但有用

所有稀有气体都因为惰性而得以利用。空气中氩含量十分丰富,因此氩也最便宜。人们每年会通过空气液化提取约70万吨的氩气,广泛用于生产生活。在工业中,氩可以避免产品和空气中的气体发生反应。如高温下铝的电弧焊中,每分钟使用20升到30升氩气,用来包围熔合金属的大电流。

氩是比空气更有效的绝缘体,因此通常被用来填充双层玻璃中的空间。氩还有一种鲜为人知的用途,用于家禽行业。氩比空气重,因此可以通在空气下方,填满动物肺部,使动物窒息。和工业标准的水浴电麻法相比,这是一种更为人道的宰杀家禽的方法,还会提高家禽的保质期,因为细菌在氩气中无法呼吸和生长。

→ 不反应的氩气被用来包围熔化极氩弧焊焊枪的电极,以防止金属在空气中与氧气发生反应。

稀有气体

氖（Neon）

10

原子序数	10
原子量	20.1797
丰度	0.005mg/kg
半径	无数据
熔点	-249℃
沸点	-246℃
构型	$[He]\ 2s^2\ 2p^6$
发现	1898 年，W. 拉姆赛和 M. 特拉弗斯

氖

氖是威廉·拉姆赛爵士和莫里斯·特拉弗斯在 1898 年 5—6 月间发现的第二种稀有气体。人们把液化的空气加热，在不同的温度下抽离气体，这一过程被称为分馏。

类似氩

一种气体受到电刺激时发出了独特的红光，这是一种新元素明显的特征。这种霓虹灯的红光，源自希腊语 *neos*，是"新"的意思。20 世纪初，法国人乔治·克劳德（Georges Claude）的液化空气公司就大量地生产了氖。1910 年，他尝

化学的奥秘

试推销这种在通电时会发出特有红光的霓虹灯。虽然没人想把房子照成红色，但他把灯管弯成字母以后，很快就把第一个霓虹灯卖给了洛杉矶的一家汽车经销商。没过多久，每个商人都想要一个醒目的霓虹灯当招牌，为自己的产品打广告。

重要角色

大约同时期，英国人 J. J. 汤姆森在对离子和电磁场进行实验。他使用了一种设备，叫作克鲁克斯管，能去掉原子中的电子，让产生的离子在磁场和电场中发生偏转。在既定的电场里，离子的偏转量取决于它们的原子量。

随后，感光板上出现了两块紧密相连的区域，这说明这些原子的原子量接近氖原子的原子量。汤姆森的结论是，氖气中一定存在一些原子，质量要高于其他原子的质量。虽然当时无法完全理解这个现象，但这个实验首次证明了元素存在稳定的同位素：氖-20 和氖-22。

→ 在这种气体的第一种样本中，J. J. 汤姆森发现氖气有多个稳定的同位素。

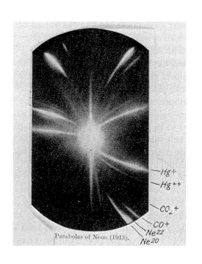

稀有气体

氪（Krypton）
36

原子序数	36
原子量	83.798
丰度	1×10^{-4}mg/kg
半径	无数据
熔点	-157℃
沸点	-153℃
构型	[Ar] $3d^{10} 4s^2 4p^6$
发现	1898 年，W. 拉姆赛和 M. 特拉弗斯

氪

氪在本书中并不是《超人》（Superman）里行星的名字，而是一种稀有气体。氪不能与氧反应，也不能形成氪星石。不过，人们已经证明，氪被紫外线分解后，在极高的压力和低温下可以与氟和氢发生反应。

发现

"承蒙 W. 汉普森博士（威廉·汉普森）的好意，我们从他那儿获得了 750 立方厘米的液态空气。保留 10 立方厘米的液态空气后，我们把其余的慢慢蒸发掉，收集起来……

化学的奥秘

氪星石肯定是不存在的，因为氪是稀有气体，它不会形成任何化合物。

得到了……26.2立方厘米的气体，显示出微弱的氪光谱，此外，我们认为，这种光谱以前从未见过。"

威廉·拉姆赛和莫里斯·特拉弗斯建议以希腊语 *krypton* 或 *hidden* 来命名这种气体。氪会发出多条射线，其中几条是它独有的。电流通过放电室中的氪气，会发出白光。今天，氪气多用于为摄影提供高端照明，少量氪气则可用于节能灯或提供不同光谱的光。

检测和测量

氪只占大气中的百万分之一。放射性氪-85同位素是核燃料回收的副产品。氪-85是一个全球性的指标，用于衡量国家的秘密核行为。21世纪初，专业人员就通过检测这种元素在巴基斯坦和朝鲜发现了生产武器级的钚的设施。

国际度量衡大会也使用氪来定义米，1960年，大会把米定义为1 650 763.73倍的氪 –86同位素发出的光的波长。1983年10月，人们对这一定义作出了修改；如今，1米是光在真空中1/299 792 458秒内传播的距离。

稀有气体

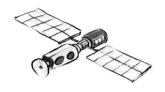

Xe

氙（Xenon）
54

原子序数	54
原子量	131.293
丰度	3×10^{-5}mg/kg
半径	无数据
熔点	-112℃
沸点	-108℃
构型	$[Kr] 4d^{10} 5s^2 5p^6$
发现	1898 年，W. 拉姆赛和 M. 特拉弗斯

氙

"陌生人"的反应

威廉·拉姆赛和莫里斯·特拉弗斯从液化空气中提取了 18 升"氪"之后，还发现了 54 号元素，他们将其命名为"xenon"（氙），源自希腊语 *xenos*，意为"陌生人"。

拉姆赛和特拉弗斯写道："氙气很容易分离，因为它的沸点高得多，其他气体都蒸发了，氙还留在后面。"人们可以根据特定的蓝色光谱线来辨别氙气，氙在放电管中也会发出类似的蓝色光。两位科学家还指出，"氙的含量极少，不

化学的奥秘

↑ 新的氙回收技术让医用氙气的价格不再昂贵，氙气可用于手术前麻醉患者。

过确实存在——不到 0.08/1000000"。氙的稀缺性让它成为一种非常珍贵且昂贵的商品。

正午

跟其他稀有气体一样，氙气也用于放电灯管中。高压氙气灯产生的光谱和正午太阳的光谱类似，都十分明亮。氙用在标准电影、IMAX 巨幕电影和数字电影放映机中，还可用于高端的军事照明。

感到困倦

氙气是有效的全身麻醉剂，能抑制许多受体和控制离子进出细胞的通道。20 世纪 40 年代，氙这种有效的关闭机制首次用在人类身上。如今，氙的回收利用率不断地提高，也让它的广泛使用成为可能。

科技未来

重而不活泼的氙气也用于离子驱动。宇宙飞船的推进系统可以电离氙气，随后使其加速穿过电场。重原子意味着从飞船后部抛出时，每个原子都能获得更大的动量。

终于发生反应

英国人尼尔·巴特利特（Neil Bartlett）在加拿大不列颠哥伦比亚大学任教期间，改变了人们对稀有气体的看法。他教授的一名博士生进行了一个反应实践：六氟化铂（PtF_6）气体剥离了氧原子的电子，形成了离子盐。反应结果令人震惊——氧有很高的高电离能，会紧紧地抓住它的电子。巴特利特仔细地看了看元素周期表，想找出类似的愿意保留电子的元素，随后定格在氙上。

巴特利特制作了一个十分"优雅"的装置，把氙气释放到一个含有 PtF_6 的玻璃球中。当磁铁升起，然后像锤子一样砸向薄薄的分隔玻璃时，就会发生如下反应：深红色的 PtF_6 气体和无色的氙混合，经过一段时间后，生成了橙色固体。巴特利特成功地制造出了六氟铂酸氙，这是第一种含有惰性稀有气体的化合物。自从他在 1962 年做了这个实验后，人们不仅让氙参与反应，还生成了一系列氪和氡的化合物。2000 年，美国化学学会把巴特利特的实验评为"20 世纪十大最重要的化学实验"之一。

↓　尼尔·巴特利特突破性实验的前后对比，他制造出第一个稀有气体化合物，让深红色的六氟化铂和氙反应，生成了橙色的六氟化铂氙。

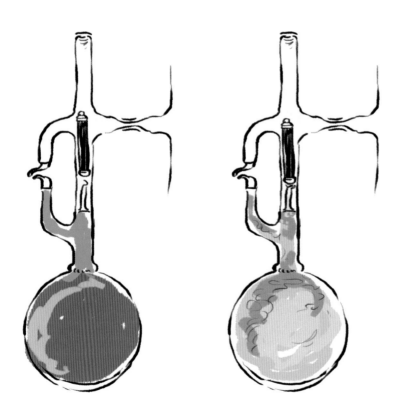

化学的奥秘

Rn

氡（Radon）
86

原子序数	86
原子量	(222)
丰度	4×10^{-13}mg/kg
半径	无数据
熔点	-71℃
沸点	-62℃
构型	[Xe] $4f^{14}\,5d^{10}\,6s^2\,6p^6$
发现	1900 年，F. E. 道恩

氡

　　辐射无处不在，有落在我们身上的宇宙射线，也有存在于我们脚下岩石中重元素的衰变。除此以外，我们还会遭受医疗过程或工业生产中的辐射。然而，这些都比不上氡气的辐射量。

　　氡是主要的辐射源，把所有的背景辐射源加起来，也超不过氡。在漫画中，氡发出绿光，但实际上它是一种无色气体。在富含铀岩石的地区，建筑物的地下室中会积累氡气。人们可以通过安装氡探测器，来检测其可能造成的危险。

同一种元素

1900 年，德国物理学家弗里德里希·恩斯特·道恩（Friedrich Ernst Dorn）注意到，含镭化合物似乎会释放出一种放射性气体，他称之为"镭辐射"。1899 年，人们发现钍化合物也释放出了类似的放射性气体；1903 年，人们又发现锕化合物也会释放类似的放射性气体。这三种气体的缩写名为"radon""thoron"和"acton"，最终被证明其实是同一种元素的不同同位素。因为要根据元素的原子序数来命名元素，IUPAC 就以存在时间最长的同位素来命名 86 号元素，即道恩发现的氡元素。我们现在知道，当时的同位素是氡 –222（^{222}Rn）。

进化

人们认为，氡的放射性在进化过程中起着重要作用。辐射可以破坏 DNA 分子中的键，而键一旦断裂，就有可能以另一种形态重组。键断裂可能导致癌症，但也可能出现对生存有利的特性。受益的人活得时间更长，而且遗传给下一代的比例更大。如果 DNA 没有定期地断裂和修复，进化到复杂生命可能需要更长的时间。

↓ 氡的背景辐射引起 DNA 的断裂，在地球生命的演化进程中发挥了重要作用。

化学的奥秘

镧系元素

不那么稀有的稀土金属

　　观察第 6 周期第 2 族的钡和第 4 族的铪，我们发现二者的原子序数好像相差很大。在常见的元素周期表的布局中，你得把目光转向主表的下方，才能看到一个独立的区块。这一区块分为两行元素，每行包含 15 个元素。镧系元素和锕系元素看起来也像一个周期表，也遵循着和表上其他元素一样的模式。

填充电子

　　根据马德隆规则，第 5 周期元素电子层的填充顺序依次为：5s 层、4d 层、5p 亚层。在第 6 周期元素中，是先填充 6s 亚层，然后是新的电子亚层 4f 层。f 亚层表示更高的振动模式，每一层包含 $2 \times (2 \times 3 + 1) = 14$ 个电子。

　　有一些元素周期表，在第 2 族和第 3 族元素中间放上了 f 区元素。这种周期表能够更好地反映原子的量子结构，但需要一张很宽的纸才行：这种表扩展到了共 32 个族，不是传统的 18 个族及下方的 f 区元素。

合并

　　4f 轨道和 5d 轨道的能量十分相似，在镧系元素中会有重叠，甚至到了难以区分的程度。在这种情况下，构造原理就不再适用了，一些人就把电子放在 5d 亚层中，而非 4f 亚层。混在一起的两个电子层，会有一些与众不同的化学性

s 区

H	He
Li	Be
Na	Mg
K	Ca
Rb	Sr
Cs	Ba
Fr	Ra

d 区

Sc	Ti	V	Cr	Mn	Fe	Co	Ni	Cu	Zn
Y	Zr	Nb	Mo	Tc	Ru	Rh	Pd	Ag	Cd
Lu	Hf	Ta	W	Re	Os	Ir	Pt	Au	Hg
Lr	Rf	Db	Sg	Bh	Hs	Mt	Ds	Rg	

p 区

B	C	N	O	F	Ne
Al	Si	P	S	Cl	Ar
Ga	Ge	As	Se	Br	Kr
In	Sn	Sb	Te	I	Xe
Tl	Pb	Bi	Po	At	Rn

f 区

| La | Ce | Pr | Nd | Pm | Sm | Eu | Gd | Tb | Dy | Ho | Er | Tm | Yb |
| Ac | Th | Pa | U | Np | Pu | Am | Cm | Bk | Cf | Es | Fm | Md | No |

↑ 扩展的 32 列元素周期表，把 f 区的镧系元素和锕系元素放在了原来的位置，展示了不同的电子层是如何被填满的。

质，因为这些元素的价电子在形成键时，在位置的选择上有更大的灵活性。

f 区的第一行叫作镧系元素，是以该周期中的第一个元素镧命名的。虽然排在最后的镥的 f 层全充满，5d 层也开始充满，但镥和其他镧系元素的化学性质十分相似，因此还是被放在了镧系元素中。

镧系元素也被称为"稀土金属"，但并非真的稀有，只是因为其在化学性质上和第 2 族的碱土金属很相似。"土"是 18 世纪一个过时的术语，它指的是物质溶于水时，会形成氧化物，进而产生强碱溶液的元素。镧系元素和第 2 族元素类似，也能产生类似的溶液，此外，还有许多相似的特性。

并不是很稀有

从镧到最重的元素镥，元素的丰度变化在 100 倍左右。

化学的奥秘

最常见的是铈，它在地壳中的含量与镍或铜一样，比较丰富。镥的含量则和锡差不多。镧系元素的含量比过渡金属中的铂族金属的含量要高 1000 多倍。

收缩

在同周期中，从左往右原子的尺寸逐渐减小，镧系元素就是最好的例子，最后的镥原子比镧原子小 25% 左右。这种尺寸的减小，被称为镧系元素的收缩；同样，对于第三行的过渡金属元素和第二行的元素，它们的原子尺寸变化也和镧系元素十分类似。

↓ 下图展示了元素在地壳中的丰度——镧系元素并不稀有，实际上和其他过渡金属一样常见，甚至更为丰富。

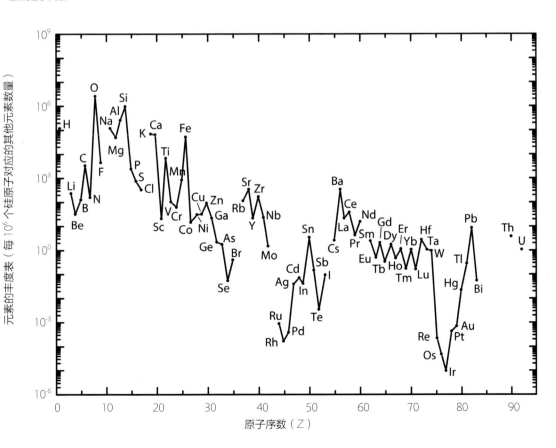

镧（Lanthanum）

57

原子序数	57
原子量	138.90547
丰度	39mg/kg
半径	195pm
熔点	920℃
沸点	3464℃
构型	[Xe] 5d^1 6s^2
发现	1838 年，C. G. 莫桑德尔

镧

　　卡尔·古斯塔夫·莫桑德尔（Carl Gustav Mosander）在铈盐的样品中发现了一种新元素。这种元素有着一种诡秘的外表，莫桑德尔把它命名为 lanthanum（镧），源自希腊语 *lanthanein*，意思是"藏起来"。

　　硝酸铈受热不稳定，分解成氧化铈，剩下的产物中有40% 是一种新金属的氧化物。氧化铈不溶于弱酸，新金属的氧化物即可以溶于弱酸溶液。

化学的奥秘

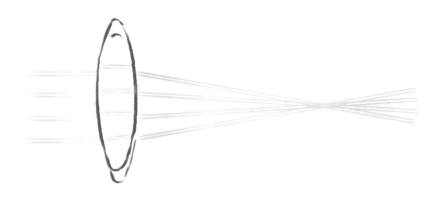

↑ 镧能够提高玻璃的密度，用在玻璃制成的透镜上时，能够提高透镜的折射率（弯曲光线并聚焦）。

哪里都能用上

镧这种材料的生产成本相对较低，它本身从未用作核心材料，但具有增强其他元素材料的效果。如果添加少量镧到铁中，铁就会变得不那么脆；镧也被添加到钨电极中，以提高电极的耐用性；镧还可以被添加到混合稀土（德语，mischmetal，意为"混合金属"）中，用于打火机点火。

投射光线

光从空气传播到另一种材料中时，会立即减速，并改变传播方向。

光减速或弯曲的程度叫作材料的折射率，这种性质取决于材料的密度。密度大的材料会在光的路径上出现更多的电子，让电子和光相互作用，从而减慢光的速度。在玻璃中加入致密的金属，可以增加折射率。更高的折射率会提高光的弯曲程度，从而更有效地聚焦光线。镧可用于提高玻璃对光的聚焦能力，但不会产生色差：如铅晶体会把光分解成各种颜色。镧玻璃常用在照相机和望远镜的镜头上。

铈（Cerium）

58

原子序数	58
原子量	140.116
丰度	66.5mg/kg
半径	185pm
熔点	795℃
沸点	3443℃
构型	[Xe] $4f^1 5d^1 6s^2$
发现	1803 年，J. J. 贝采里乌斯和 W. 希辛格

铈

铈是地壳中最常见的镧系元素，主要以氧化铈的形式存在，用途十分广泛。1803 年，化学巨擘琼斯·雅可比·贝采里乌斯和威廉·希辛格（Wilhelm Hisinger）发现了一颗小行星，并把它命名为"谷神星"（Ceres），得名于罗马农业之神。

不足之处

铈元素的主要用途是作为铈（IV）氧化物使用，俗称二氧化铈。虽然它的分子式为 CeO_2，但在这种材料中，有一些地方氧原子会缺失，出现一些凹坑。这是因为铈可以被还原成氧化铈（III），平均每个铈原子联结 1.5 个氧原子，即 Ce_2O_3。

完全燃烧

铈（IV）还原为氧化铈（III），可用于制备氧气，供多种目的使用。铈可以添加到汽油和柴油燃料中，确保碳的完全燃烧。在发动机内部，碳完全燃烧可以释放更多能量，同时也会减少有毒的一氧化碳气体的排放。铈也可以用于提高烤箱的温度，确保食物均匀受热。

增色和抛光

氧化铈（IV）呈现黄色或金色，可用于染色玻璃。它的硬度也可以用于研磨和抛光镜片。

→ 右图是矮行星谷神星的伪彩色卫星图像。谷神星位于火星和木星轨道之间的小行星带上，是其间最大的天体。

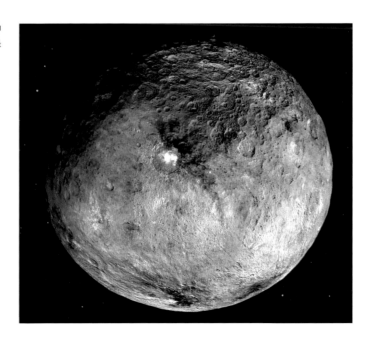

镨（Praseodymium）
59

原子序数	59
原子量	140.9077
丰度	9.2mg/kg
半径	185pm
熔点	935℃
沸点	3520℃
构型	[Xe] $4f^3 6s^2$
发现	1885，A. 冯·韦尔斯巴赫

镨

钕镨混合物（Didymium）是两种元素的名称，源于希腊语 *didymos*，是"双胞胎"之意，相比其他的镧系元素，这两种元素并不喜欢分离开来。1885 年，罗伯特·本生的学生卡尔·奥尔·冯·韦尔斯巴赫（Carl Auer von Welsbach）根据两种元素略微不同的火焰光谱线，分离出了绿色的镨，以及同镨混在一起的新元素钕。

保护眼睛

20 世纪 40 年代，人们注意到这两种元素都能够吸收光谱，从而有效地过滤吹制玻璃或焊接金属时发出的强光。如今，人们用这两种元素来制作钕镨玻璃护目镜。这种护目镜可以过滤掉不必要的眩光，让工人专注于手头的工作。

降低光速，冷磁铁

高密度的镨也可用于有极高折射率的硅酸盐玻璃中，这种玻璃的折射率高得让人难以置信，能把光的速度从 1.0×10^6 m/s（米／秒）降低到 300m/s。镨化合物也能制造出相当好的磁铁，用于磁性制冷机。磁性制冷机可以把材料冷却到大约 −273℃。

→ 钕镨混合物可以吸收大量的可见光光谱，用在护目镜的玻璃上，有很好的保护效果。

Nd

钕（Neodymium）
60

原子序数	60
原子量	144.242
丰度	41.5mg/kg
半径	185pm
熔点	1024℃
沸点	3074℃
构型	[Xe] 4f⁴ 6s²
发现	1885，A. 冯 . 韦尔斯巴赫

钕

钕的同位素分布在地球不同深度的地层中。熔岩中的
钕同位素可以指示熔岩流动的距离。

预测火山喷发

大型火山喷发和小型火山喷发时，钕同位素的表现很不
一样。大型火山喷发时，指示物通常不在地壳中，而是在地
幔的深处。观察熔岩中的钕同位素，可以帮助地球物理学家
预测火山喷发时可能的大小和规模。

化学的奥秘

大型激光器

如果添加少量钕到某些元素的晶体中，这些元素就可以产生世界上最强大的激光。世界各地的原子武器机构会用这些元素产生的近红外光来重现核爆炸时的高温和压力。在首个激光诱导聚变反应堆的实验中，人们就是用的钕激光器来引发核聚变，以保证产生取之不尽的清洁能源。

微型磁铁

$Nd_2Fe_{14}B$ 是钕的一种合金，能够形成目前已知的、磁性最强的永磁体，这种磁铁可以用于吉他拾音器、耳机和电脑的硬盘驱动器等，应用十分广泛。虽然钕比其他磁性合金更便宜、更轻，磁性也更强，但在高温下，钕不会保持磁性，这限制了它的使用。尽管如此，随着混合电动汽车和用于清洁和可再生电力的永磁风力涡轮机的普及，钕磁体的使用量不断增加。

地质学家可以根据火山附近的钕同位素的变化，预测火山喷发时可能的大小和规模。

钷（Promethium）
61

原子序数	61
原子量	(145)
丰度	2×10^{-19}mg/kg
半径	185pm
熔点	1042℃
沸点	3000℃
构型	$[Xe] 4f^5 6s^2$
发现	1945 年，J. A. 马林斯基、L. E. 格伦丹宁和 C. D. 科里尔

钷

有两种原子序数 83 以下的元素很难被找到，它们分别是钷和锝，二者没有任何已知的稳定同位素。这让人们对钷的存在十分困惑，在多次失败后终于发现了它。

再次漏掉的一个元素

1914 年，亨利·莫斯利提出了原子序数的概念并作出了合理的预测——存在一种失踪的 61 号元素。根据原子中的质子数对元素进行排序时，很明显，在 60 号元素和 62 号元素之间，缺少了一个元素。1926 年，意大利和美国的团

化学的奥利

纽约洛克菲勒中心的希腊提坦巨神雕像普罗米修斯。

体都宣布，已经从稀土矿物中分离出了缺少的这种元素。

钷和钇

在美国的研究团队公布他们的发现之后，意大利的研究团队才公布了他们的研究成果。尽管如此，意大利团队却声称他们有发现的优先权，因为在两年之前他们就得出了研究结果，只不过一直搁置而已。意大利人想把该元素命名为"florentium"（钷），以研究团队所在的城市佛罗伦萨命名；美国人则想借他们的研究所在的伊利诺斯大学，把该元素命名为"illinium"（钇）。两个团队的科学家都声称观察到了一组独特的光谱线，但后来的研究得出，这些光谱线是杂质引起的，杂质的主要成分是钕。

众神之火

人们在橡树岭国家实验室建造了铀反应堆，用来生产第一颗原子弹所需的钷。1945 年，雅各布·A. 马林斯基（Jacob A. Marinsky）、劳伦斯·E. 格伦丹宁（Lawrence E. Glendenin）和查尔斯·D. 科里尔（Charles D. Coryell）终于发现了 61 号元素，他们从辐照过的铀燃料中分离出了原料，得到了钷。在看到原子弹所造成的破坏后，科里尔的妻子建议用普罗米修斯的名字来命名新元素。这位希腊神话中的提坦巨神从众神那里偷走了火，把火赠予了人类，她觉得这个故事很适合这个元素。

系元素

243

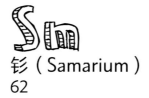

钐（Samarium）
62

原子序数	62
原子量	150.36
丰度	7.05mg/kg
半径	185pm
熔点	1072℃
沸点	1794℃
构型	$[Xe]\,4f^6\,6s^2$
发现	1879 年，P.E.L·德·布瓦博德兰

钐

1853 年，瑞士化学家让·查尔斯·德马里尼亚克（Jean Charles de Marignac）最早在钕样品中发现了钐的光谱线，但直到 1879 年才分离出了钐。钐的化学性质和其他的镧系化合物十分相似，常被应用于地质学和技术方面。

地质学家确定岩石的年代

为了确定岩石的年代，地质学家需要研究母体放射性同位素和子体放射性同位素的相对含量。在岩石循环的过程

化学的奥

钐磁铁作为微波炉磁控管在极端环境中使用，因为它可以在极高的温度下保持磁性，这个温度比绝大多数磁铁要高得多。

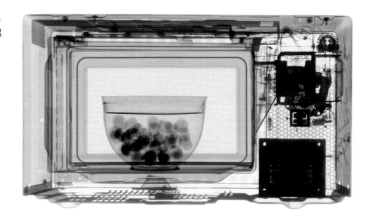

中，沉积岩会变为变质岩，埋藏的铀等放射性同位素也会重新分布。这个过程会打乱母子体放射性同位素的比例，能够重置地质时钟。然而，在岩石变质的过程中，钐和钕同位素能够抵抗同位素的重新分布。因此，我们可以用钐和钕来测量年代更远的岩石的年龄。通过比较钐–147 和子体同位素钕–143，美国宇航局的科学家确定了阿波罗宇航员从月球带回的岩石的年代，以及地球上陨石的年代。

热磁铁

钐化合物可以形成永久磁铁，在极端高温下保持磁性。钕磁体在许多日常技术中占据主导地位，而钐基磁体则用于极端环境中，如作为微波炉中使用的磁控管。钐磁铁有着优越的性能：在高端耳机、麦克风和电吉他拾音器中效果出色。

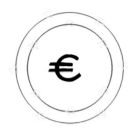

铕（Europium）
63

原子序数	63
原子量	151.964
丰度	2mg/kg
半径	185pm
熔点	826℃
沸点	1529℃
构型	[Xe] 4f^7 6s^2
发现	1901 年，E-A. 德马塞

铕

在制成 63 号元素的盐化合物之前，科学家两次发现了 63 号元素的光谱指纹。最终，在 1901 年，法国化学家尤金·阿纳尼尔·德马塞（Eugene-Anatole Demarçay）发现了该元素。

此前，英国人把铕的发现归功于威廉·克鲁克斯，法国人则把它归功于保罗-埃米尔·勒科克·德·布瓦博德兰，但二人都分离不出该元素，最终是德马塞成功地分离出了铕。相信你会猜到，德马塞以欧洲命名了该元素，而克鲁克斯那个时代（19 世纪）的英国人绝不会这么做。

化学的奥

看到不可见光

因为铕的存在，有些岩石可以发出荧光——铕等化学物质发出的光辉。铕元素的原子可以吸收人类看不见的紫外线，再以能量更低的可见光重新发出，通常为蓝色。铕盐还被添加在欧元等纸币上以辨别真伪：无论在哪儿，只要把纸币放在紫外线下，纸币的一些地方就会发出蓝光，这样人们就知道纸币是真的了。

极好的照明

铕曾用于制造电视机，不过由于平板 LED 电视的兴起，这个角色逐渐退出了舞台。老式的阴极射线管（CRT）电视机会把电子发射到玻璃屏幕上——上面涂有能发出磷光（被激发时发出的光）的化学材料；只有向磷光体中添加铕，屏幕才能呈现足够鲜艳的红色。铕在 +2 价氧化态下发出红光，但在 +3 价氧化态下会发出蓝光。不同的铕盐和其他绿色磷光体一起被用于节能紧凑型荧光灯（CFL，简称节能灯）中，用来发出白光。

在老式的阴极射线管电视中，铕在不同氧化态下会发出红光和蓝光。

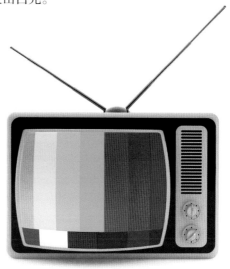

钆（Gadolinium）
64

原子序数	64
原子量	157.25
丰度	6.2mg/kg
半径	180pm
熔点	1312℃
沸点	3273℃
构型	$[Xe]\,4f^7\,5d^1\,6s^2$
发现	1880 年，J. C. G. 德马里尼亚克

钆

　　这是迄今为止，我们讨论的第一个以科学家的名字命名的元素：芬兰化学家和地质学家约翰·加多林（John Gadolin），他因在 18 世纪 90 年代提取出了第一批稀土元素而闻名于世。加多林的姓源自希伯来语 *gadol*，意思是"伟大的"。实际上，钆元素是在一个世纪后的 1880 年，由让·查尔斯·德马里尼亚克在法国发现的。

磁造影

　　元素周期表中，钆在镧系中间靠右的位置，它的 4f 层有 7 个电子没有配对。这些电子很容易操纵，使钆拥有极好的磁性能。钆被用作磁共振成像（MRI）的造影剂，因为它可以和机器的大磁场相互作用，还能够清楚地显示出来。钆离子（Gd^{3+}）和钙离子（Ca^{2+}）的大小差不多，如果单独使用，可能对身体产生毒性。不过，先将钆和其他分子形成复合物，再把该复合物注射到患者体内（进行扫描）则是无毒的。

探索粒子物理

　　钆能很好地捕获漂浮在周围的中子，然后释放一种波长十分独特的光。日本的超级神冈（Super Kamiokande）实验就是使用这一技术，来提高观察亚原子粒子（中微子）的灵敏度。因为中微子相互作用的某些方式在传统技术中是看不到的，科学家就向探测器的水中添加钆盐，希望观察到原本看不见的相互作用。

磁共振成像仪使用含有钆的磁铁产生的巨大磁场，对人体进行扫描成像。

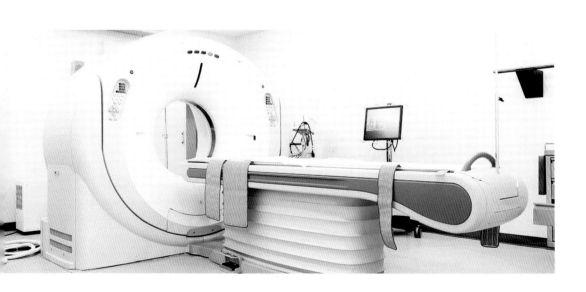

铽（Terbium）
65

原子序数	65
原子量	158.9254
丰度	1.2mg/kg
半径	175pm
熔点	1356℃
沸点	3230℃
构型	$[Xe]\,4f^9\,6s^2$
发现	1842 年，C. G. 莫桑德尔

铽

铽是在瑞典伊特比的长石矿中发现的四种元素之一（其他三种元素分别是铒、镱和钇）。

追踪与示影

铽盐中呈 Tb^{+3} 氧化态的铽被激发时，会发出明显的绿光。铽和铕也用于 CRT 电视屏幕上的荧光粉，不过二者的使用量都在下降。在生物实验室中，铽原子作为示踪剂被标记在各种分子上。科学家能够据此确定化学物质在生物系统中的最终位置，以及它们的运作方式。铽盐在紫外线下会发

化学的奥秘

光，因而也被添加到纸币中，作为防伪措施使用。

改变大小

Terfonol-D（一种磁致伸缩材料）是铽–镝–铁的合金，它能完成一些很奇特的事情。它会根据磁场大小而改变自己的大小——在越大的磁场中会变得越小。Terfonol-D 最初用于海军声呐系统，现在用于磁传感器、振动激励器和发声传感器。Terfonol-D 已经应用于商业设备上：它可以把任何硬质表面变为扬声器。人们对这种神奇的磁致伸缩性能展开了大量研究，有可能用在微型发动机或汽车的燃油预喷射系统上。

↓ 铽被用于 X 射线屏幕，能够有效地把 X 射线转换为可见光。铽能够减少获得 X 射线图像所需的暴露时间，从而减少对患者的辐射剂量。

镝（Dysprosium）
66

原子序数	66
原子量	162.5
丰度	5.2mg/kg
半径	175pm
熔点	1407℃
沸点	2567℃
构型	$[Xe]\,4f^{10}\,6s^2$
发现	1886 年，P. E. L. 德·布瓦博德兰

镝

人们从各种溶液中析出的金属氧化物中发现了许多镧系元素。1878 年，化学家发现铒矿中含有钬和铥的氧化物，从那之后，化学家就仔细地检查反应的剩余产物并分析其中的杂质。

难以获得的镝

1886 年，保罗-埃米尔·勒科克·德·布瓦博德兰的耐心终于得到了回报。他在巴黎家中的壁炉里用酸溶解了一份氧化钬样品。随后，他小心翼翼地加入少量氨水，收集了一

化学的奥秘

种析出物。他煞费苦心地重复了约 30 次实验，得到了一份新发现的金属氧化物样品。最终，他把其中的金属命名为"dysprosium"（镝），源自希腊语 *dysprositos*，意思是"难以获得"。

辐射安全

镝有许多应用，你在阅读本书时会经常发现，在这些应用中其他镧系元素也在其中，譬如用于磁性装置、中子捕获及照明等。人们可把镝和无色的硫酸钙或氟化钙晶体混在一起，制成安全放射量测定徽章，供在辐射环境下的工作人员佩戴。镝原子在静止时会发出绿光，大多数辐射都能够激发它。这种辐射会让相纸或数字探测器曝光，人们对这些物品进行定期检查以确保佩戴徽章的工作人员没有处于危险剂量的辐射下。

↑ 实验室的测量仪中含有镝，能够监测电离辐射。

钬（Holmium）
67

原子序数	67
原子量	164.9303
丰度	1.3mg/kg
半径	175pm
熔点	1461℃
沸点	2720℃
构型	$[Xe]\,4f^{11}\,6s^2$
发现	1878 年，克利夫、德拉芬丹和索雷

钬

钬元素的发现存在争议。1878 年，瑞士的马克·德拉芬丹（Marc Delafontaine）和路易斯·索雷（Louis Soret）在日内瓦首次用光谱法观测到了钬，但钬的发现要归功于瑞典人珀尔·特奥多尔·克利夫，他以自己的家乡斯德哥尔摩命名了这种新发现的元素（取了 Stockholm 这个词的后半部）。

稳定的光谱

所有镧系元素在分光镜下都有很好的表现。过渡金属和

↑ 钬可以用来制造能够穿透肉体的微波激光器。

其他元素在形成化学键时，它们的电子层会发生变形。镧系元素有可能与其他原子形成化合物，但这种情况并不常见。镧系化合物的电子层的形状保持不变，可以为光谱分析提供稳定的参考。多年来，钬一直用于校准这类仪器，因为钬单质和钬化合物发出的光谱几乎相同。

微波切割

钬激光的波长接近于家用微波炉的波长。水分子能有效地吸收这种电磁辐射，因为钬激光可以完美地激发水分子中的氢氧键。我们身体的软组织大部分都是水，这些激光的能量能够穿透这些软组织。

钬激光的切割十分精确，精度在毫米以内。钬激光能够进行烧灼，这也是一种优点，因为烧灼产生的热量可以封上切开的血管。因此，钬激光被用于许多医疗手术和牙科手术。

铒（Erbium）
68

原子序数	68
原子量	167.259
丰度	3.5mg/kg
半径	175pm
熔点	1529℃
沸点	2868℃
构型	[Xe] 4f^{12} 6s^2
发现	1842 年，C. G. 莫桑德尔

铒

互联网中必不可少

镧系元素逐渐变化的光谱，为稀土元素的不同用途提供了可能。铒被用于光纤通信，对当代世界格外重要。

光纤网络

光纤每秒传输的数据要比传统铜线的传输量多很多。海量的数据都通过光纤传输，光照射在非常细的玻璃纤维上，然后以微小的角度在纤维的两侧反弹——就像用石头打水

化学的奥秘

↑　白天的天空是蓝色的，因为高能量的蓝光更易被散射。

漂——这个过程叫作全内反射（total internal reflection）。

为什么天空是蓝色的？

纤维中的光最终会随着纤维中二氧化硅晶体的散射而消失殆尽，即瑞利散射过程。基于同样的原因，天空在白天看起来是蓝色的，在日落时看起来是红色的。

光的能量越高，散射就越多。在白天阳光的照射下，高能的蓝光比其他所有的光散射得都要多，因此天看起来是蓝色的。晚上太阳落下时，红光铺满了天空：红光以更直接的线路到达地面，把在地平线之外就被散射的蓝光遮住了。

对于较短的距离，我们可以使用可见光进行光纤连接而不需要考虑散射损耗。但对于较长的距离，我们首选低能量的近红外光。虽然近红外光发生的散射不那么多，但在数千米后，丢失是不可避免的。要让信号穿越整个大陆，就必须首先放大信号——这就是铒的作用。铒能够吸收并再次发射这种关键的近红外能量。

光放大

掺铒光纤能够被高能量的光激发，让原子处于激发态。弱信号到达时，光中的每一个光子都会刺激铒原子，让铒原子降为低能态。随后，铒原子会发射出近红外光，光的能量和方向与原始信号相同。这种放大的信号可以沿着光纤继续传播数千米，然后再次进行放大。

这项技术造就了互联网时代。没有它，我们就无法使用目前正在用的大量数据，也无法在全球范围内交换音频、视频等文件。感谢铒，它使现代互联网成为可能。

铒还被用于专业领域的红外照相滤镜，主要是天文成像。

混淆

在导师的施压下，卡尔·莫桑德尔于 1843 年发表了有关铽和铒的论文，但他的样品纯度受到了质疑。结果表明，这两个样品中，共含有七种新元素：铒、铽、镱、钪、铥、钬、钆。

波谱学家马克·德拉芬丹在确认纯铒和氧化铽时，把这两种样品混淆了。被搞混的名字一直沿用到今天，所以莫桑德尔当时所指的铒就是现在的铽，当时所指的铽就是现在的铒。

↓　铒原子会放大通过光纤的信号。

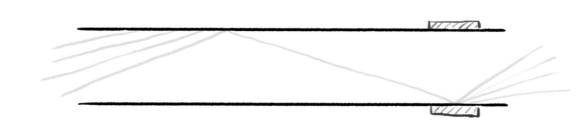

铥（Thulium）
69

原子序数	69
原子量	168.9342
丰度	0.52mg/kg
半径	175pm
熔点	1545℃
沸点	1950℃
构型	[Xe] 4f^{13} 6s^2
发现	1879 年，P. T. 克利夫

铥

观察最后几个镧系元素时，你会发现镧系元素收缩的程度变小了，它们的原子大小都差不多。这几个元素的化学成分十分相似，而邻近的元素中铥相对稀少，因此很难得到纯铥样品。

坚定的决心

从氧化铒中逐渐分离出氧化铥时，清晰的绿色光谱线逐渐变亮，这就证明了铥元素的存在。1911 年，在美国新罕布什大学工作的英国人查尔斯·詹姆斯（Charles James）从

← 化学家查尔斯·詹姆斯重复了 15000 次结晶
过程，最终得到了纯铥样品。

铥化合物中提取出了首个纯铥样品：他从一种不纯的氧化
铒样品中制备出溴酸盐，该样品微弱地显示出铥的光谱特
征；他把溴酸盐溶解在酒精中，从酒精溶液中提取出了有色
的结晶化合物；他再次把溴酸盐晶体溶解在酒精中，重复了
15000 次同样的过程，直到化合物的光谱不再改变——这时，
他确信自己得到了这种化合物的纯样品。

便携式 X 射线

每年大约有 50 吨铥被开采提取出来。铥主要存在于铥
氧化物中，为铥 –169 同位素。如果把铥放在能够捕获中子
的核反应堆中，铥可以形成不稳定的铥 –170 同位素，半衰
期为 128 天。

铥 –170 衰变为稳定的邻近元素镱（镱 –170），会发出
X 射线，可以用作可携带的辐射源。铥 –170 辐射源的使用
寿命约为一年，一年之后铥元素剩余量 13%。因为铥 –170
会衰变成稳定的同位素，所以，只需要用一个简单的铅杯就
可以安全地处理这些辐射源。铥是四种最受欢迎的放射性同
位素之一，常用于牙科手术中。

化学的奥秘

镱（Ytterbium）
70

原子序数	70
原子量	173.045
丰度	3.2mg/kg
半径	175pm
熔点	824℃
沸点	1196℃
构型	$[Xe]\, 4f^{14}\, 6s^2$
发现	1878 年，J. C. G. 德马里尼亚克

镱

　　1878 年，让·查尔斯·德马里尼亚克从不纯的"氧化铒"（erbia）中提取出了镱。和其他邻近元素一样，镱以瑞典的小镇伊特比命名。但是，镱和其他镧系元素有差别。

我全都要

　　大多数镧系元素形成氧化态为 +3 的化合物，而镱还会形成氧化态为 +2 的化合物。镱（II）化合物很乐意提供电子，让镱变为 +3 氧化态；镱（II）化合物是强大的还原剂，它能够十分高效地剥离水分子中的氧，释放出氢气。镱有着不同的氧化态，因此，相比于其他镧系元素的化合物，尤其是用于有机化学的镧系化合物，镱化合物是更好的催化剂。

压力之下

镱是一种柔软、有光泽、易反应的银色金属，因此会很快在空气中失去光泽。在标准条件下，镱是一种良导体，但在压力之下，镱的电阻会增加，性能就会变得很差。因此，在极端压力传感器中，镱非常有价值。这种传感器可以确定地震的震级，或者确定核弹爆炸时附近感受到的爆炸力。

低价

尽管镱有这些独特的用途，但每年只提炼出大约 50 吨的镱。这主要是因为其他镧系元素的价格要便宜得多，以至于在应付相关的任务时，虽然其他元素的表现较差，但它们的价格优势可以弥补这种差距。

↑　2011 年 3 月 20 日，新西兰基督城发生了里氏 6.1 级地震，道路出现大面积裂缝。

化学的奥秘

镥（Lutetium）
71

原子序数	71
原子量	174.9668
丰度	0.8mg/kg
半径	175pm
熔点	1652℃
沸点	3402℃
构型	[Xe] 4f^{14} 5d^1 6s^2
发现	1907 年，G. 于尔班、C. A. 冯·韦尔斯巴赫和 C. 詹姆斯

镥

镥是镧系元素中最稀有的元素，自然也就成了最后才被发现的元素。实际上，镥是由三位不同的科学家在同一年发现的。

1907 年，法国的乔治·于尔班（Georges Urbain）、奥地利的卡尔·奥尔·冯·韦尔斯巴赫和美国的查尔斯·詹姆斯分别制备了镥金属的氧化物样品。三个人依次在年初公布了这一发现。当时的化学权威机构——国际原子量委员会（International Commission on Atomic Weights）承认，于尔班最早发表了有关镥的论文。于尔班以巴黎的拉丁名 *Lutetia*（鲁

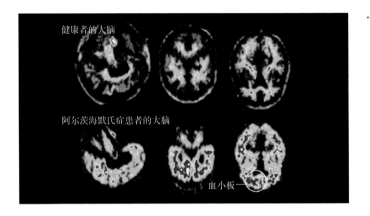

健康者的大脑

阿尔茨海默氏症患者的大脑

血小板

← 正常人的大脑和患有阿尔茨海默氏症（最常见的痴呆症）者的大脑，由正电子发射计算机断层扫描仪器（PET）扫描。

特西亚）命名了 71 号元素。镥的发现一直存在争议，因为后来检测到于尔班的样品并不纯，含有大量的镱，而韦尔斯巴赫和詹姆斯提取的确实是纯样品。

裂解

由于镥十分稀有且难以提取，所以它成了一种昂贵的商品，只有在非常特殊的情况下才使用。镥氧化物可以把长碳链裂解为更小、更有价值的碳氢化合物。这一过程可以制成许多烯烃产品，然后参加聚合反应并转化为各种塑料。

观察反物质

用于探测正电子发射计算机断层扫描仪器（PET）释放的 γ 射线的电子传感器的主要成分是硅酸镥（LSO）。人体中含有会发射正电子的同位素，这种同位素会产生 γ 射线，可以用含有镥的传感器读取到，然后重建人体的三维图像。这种方法可以让复杂的组织（如大脑）成像。

化学的奥秘

原子弹

德国物理学家奥托·哈恩（Otto Hahn）、弗里茨·施特拉斯曼（Fritz Strassman）和莉泽·梅特纳（Lise Meitner）进一步推进了以意大利科学家恩里科·费米（Enrico Fermi）为首的早期研究：用中子轰击铀，希望发现更重的元素。不料，他们发现的东西永远地改变了世界。

1934 年初，德国对犹太公民的迫害愈演愈烈，梅特纳逃离了德国，在瑞典斯德哥尔摩安顿下来。在这里，梅特纳继续与哈恩和施特拉斯曼保持着通信。1938 年，施特拉斯曼发现了核裂变过程。梅特纳对实验结果给出了理论上的解释，诺贝尔奖委员会却忽略了她——1944 年的化学奖只授予了哈恩一个人。

核裂变

梅特纳解释说，核裂变就是把重原子核分裂成多个较小的原子核。在这一过程中，子产物的微小质量差异会释放出巨大的能量。爱因斯坦告诉我们，质量（m）和能量（E）之间的变换与真空中的光速（c）有关。根据著名的 $E = mc^2$ 方程，一个质量极小的物体也会产生巨大的能量，因为光速的平方十分巨大，等于 $9 \times 10^{16}\,\mathrm{m}^2/\mathrm{s}^2$！

引发反应

哈恩和施特拉斯曼观察到，把中子人工发射到重原子核中，就可以引发核裂变自发地进行反应。在他们的实验里可以看到，被中子轰击的铀化合物含有比钡轻很多的原子。这种控制核裂变并且释放巨大能量的能力使其作为武器在理论上成为可能。1939年"二战"爆发之后，轴心国和同盟国加速了相关领域的研究。

研发炸弹

到了1942年中期，英国显然无法再扩大原本就很紧张的预算，为原子弹制造提供巨额资金。英国和美国同意合作开发原子弹，不过没有告诉他们的盟国苏联。不久，美国为当时的"曼哈顿计划"投入了大量资金，使其成为有史以来规模最大的工业项目。通过"曼哈顿计划"，美国制造出了原子武器并投入了战场。

爆炸材料

诱导裂变的重元素的同位素也是可裂变的。人们发现，铀-235或钚-239是制造裂变炸弹的完美选择。当释放中子触发反应时，重核会分裂成较轻的子核和更多中子，释放大量能量。分裂释放的中子会继续引发更多的重原子裂变，让整个过程持续进行。这种连锁反应会在短时间内释放大量能量，从而引发爆炸。

制造原子弹

释放中子不仅会引发裂变，还有可能让核子捕获中子。如果这种情况发生，

化学的奥

1957 年 6 月 24 日，"铅锤行动"（Operation Plumbbob）中，XX–10 "普里西拉"（Priscilla）爆炸后产生的蘑菇云。"普里西拉"是重达 3.7 万吨的裂变原子弹。爆炸前，原子弹挂在内华达沙漠上空 200 米左右高的气球上。许多反式铀元素最初是在这样的爆炸中产生的。

可裂变的铀 -235 受到中子的轰击，发生裂变；随后产生了三个中子，这三个中子继续裂变为另外三个铀 -235 原子。这个失控的循环往复过程叫作连锁反应。

那么富含中子的同位素就会进行 β 衰变，转变为新的同位素，这种同位素要比铀和反式铀元素更重。中子发生 β 衰变，能让原子释放出电子，同时也产生一个质子；质子数量发生变化，就得到了一个新元素。正是这个过程，形成了较轻的反式铀元素，也是在核弹的沉降物中发现的第一种人造元素。

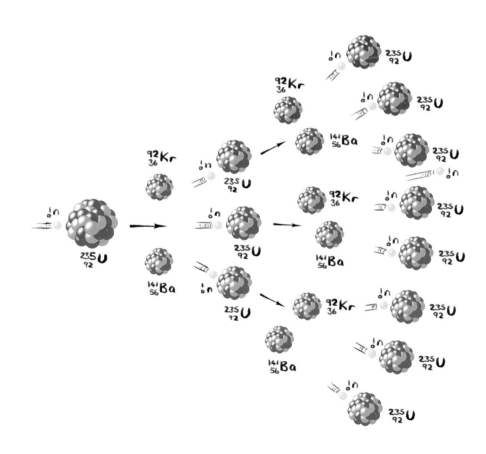

原子加速器

磁场可以推拉磁铁，电场可以推拉带电粒子。人类制造出一系列可以改变电场的机器，把亚原子和电离后的原子加速到接近光速。

螺旋、圆圈和线

加速器通过两个半圆形空腔的间隙加速粒子。随着带电粒子速度的增大，粒子圆周运动的半径也随之增大，直到粒子从最外侧的管道离开机器。同步加速器可以调节加速电场的频率，不断给带电粒子推力，让带电粒子获得更高的能量。粒子加速时，需要改变同步加速器的磁场，这样才能让粒子在半径相同的环中运动。线性加速器是一种一次性加速器，使用的技术和同步加速器类似。线性加速器通过不断变化电场，来增加对粒子的推力，但不回收未经碰撞的粒子，粒子参与碰撞的机会也只有一次。

击中目标

这些机器是用来加速电离原子的，已经失去了至少一个电子。这些离子被轰击到静止（不动）的目标上——通常含有其他重元素的原子。离子获得的能量越高，离子的原子核和静止的原子就能靠得越近，甚至有机会融合在一起，形成更大的原子核。这种情况一旦发生，就代表创造了一个新元素。你可以仔细地选择电离原子和固定目标，尽可能创造出某种特定的元素。大多数反式铀元素（比铀元素重）都是用这种方法产生的。

化学的奥秘

加速器简史

　　加速器的建造，始于欧内斯特·劳伦斯在 20 世纪 50 年代对回旋加速器设计的改造。如今，同步加速器的周长已经达到了 27 千米，如位于瑞士的欧洲核子研究中心（CERN）的大型强子对撞机——2012 年，欧洲核子研究中心利用这台对撞机发现了希格斯玻色子。今天的技术已经发展到这种程度：几十米长的线性加速器就能够创造出元素周期表上最重的元素。人们通过加速器发现了周期表上 118 号元素之后的几个元素。

↓ 不同的机器在加速电离原子，以合成新的重元素。

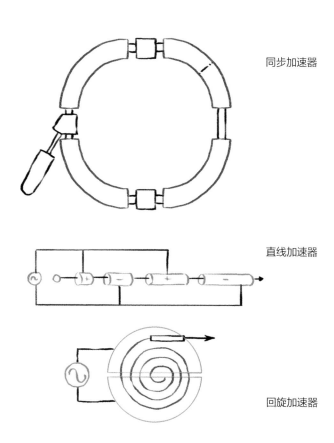

同步加速器

直线加速器

回旋加速器

原子加速器

锕（Actinium）
89

原子序数	89
原子量	(227)
丰度	5.5×10^{-10}mg/kg
半径	195pm
熔点	1050℃
沸点	3198℃
构型	$[Rn]\,6d^1\,7s^2$
发现	1899, A. L. 德贝尔恩

锕

法国人安德烈·路易·德贝尔恩在过滤居里夫妇提取镭后留下的残渣时，发现了一种新元素。1899 年，德贝尔恩宣布了这一发现，他说这种元素和钛很相似，后来又说它和钍很相似。

命名与宣布

锕元素有很高的放射性，因此德贝尔恩把它命名为"actinium"（锕），源于希腊语 *aktinos*，意思是"射线"。三年后，德国化学家弗里德里希·奥斯卡·吉赛尔（Friedrich

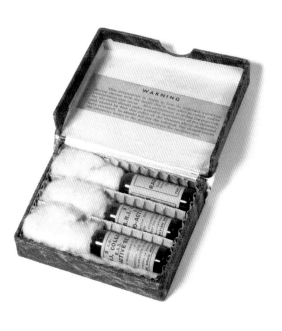

↑ 20 世纪早期的一个盒子，盒中的小瓶内装有制备的高放射性同位素硒、镭和锕。当时，人们认为辐射是一种终极健康疗法，但我们现在知道，这是一种危险的致癌物。

Oskar Giesel）在类似的实验中也发现了这种元素。他认为该元素和镧十分相似，并根据它发出的射线将其命名为"emanium"。

不过，人们认为德贝尔恩的发现更早。德贝尔恩分别对每种物质的半衰期进行了三次测定。因此，根据以往的传统，该元素的命名权属于德贝尔恩，"锕"这个名字也保留了下来。

发光

"放射性物质能够发光"，这种想法通常是不对的，锕却是个例外。锕能够发出高能的 α 粒子，这些粒子十分善于将周围原子的电子剥离出去。剥离的电子和原子重新结合时，就会以光的形式发射能量。

锕的放射性十分强，以至于锕元素样品的周围经常会形成一个蓝环。

用途不多

^{277}Ac 同位素和铍混合在一起，可以制造中子源。这种中子源可以用来寻找水源，杀死癌细胞，以及扫描货物中是否含有炸弹。^{225}Ac 同位素也可用于 α 靶向治疗，通过释放大量危险辐射来杀死癌细胞。

钍（Thorium）
90

原子序数	90
原子量	232.0377
丰度	9.6mg/kg
半径	180pm
熔点	1842℃
沸点	4788℃
构型	[Rn] 6d^2 7s^2
发现	1829 年，J. 贝采里乌斯

钍

非核用途与未来燃料

    1815 年，琼斯·雅可比·贝采里乌斯以为自己发现了钍，结果证明，他发现的是磷酸钇。1828 年，他才最终发现了钍。钍的名字取自斯堪的纳维亚的雷电之神的名字——黄昏过后，这个神会照亮世界。

发出白光

    1891 年，奥地利化学家卡尔·奥尔·冯·韦尔斯巴赫

含钍灯罩让煤气灯发出强烈的白光。

在寻找一种能承受气体火焰高温的材料。他研究了镁、钇和镧的氧化物，后来发现钍的氧化物的熔点在所有已知的氧化物中是最高的：超过了 3300℃。把钍的氧化物放在气体火焰中加热，氧化钍会发出强烈的白光，白光的质量要比其他氧化物高得多。根据这个性质，氧化钍可以制成气灯罩，这种气灯罩在黑暗降临之后，第一次为世界提供了光明。

我独自存在

当时，贝采里乌斯并不知道，地球上几乎所有的钍元素其实都是钍的放射性同位素（^{232}Th）。放射性衰变链上还有其他六种自然存在的钍同位素，但它们始终只有微量存在。钍 232 的半衰期比宇宙的年龄（目前估计为 140.5 亿年）还要长。

一个原子通过 α 衰变而发生改变，相当于射出一个氦原子核。α 粒子具有很强的电荷，体积比较大，因此不会在材料中传播很远，很容易就能被一张纸或煤气灯周围的玻璃阻挡。

非核需求

钍除了用作气灯罩外，还可以与钨混合，制造电弧焊的电极。电极会产生巨大的电流和热量，让金属熔合在一起。钍可以增加钨金属的晶体尺寸，进而提高钨在高温下的强度。从露营用品店购买的含钍的气灯罩，或从五金店购买的钍钨焊条，正是一种便宜且安全的辐射产物。

钍可以被添加到玻璃中，用于制造高端相机和望远镜的镜头。和其他竞品相比，钍化玻璃能够有效地弯曲和聚焦光线，并且具有更小的色差（对不同色光的传播）。

未来燃料

　　铀元素及更重的反式铀元素，在作为燃料使用后会产生核废料，这些废料对生命的危害可以持续数千年。钍可以作为铀的一种替代物使用，钍废料产生的危害不到100年。用中子轰击钍-232后，钍-232会发生少量放射性衰变，原先不可裂变的钍-232会生成可裂变的铀-233。钍-232同位素和熔融的氟盐混合，可以作为熔融盐反应堆的核燃料。反应堆的核心包围着更多的钍-232，这些钍元素会吸收铀-233释放出的中子，从而不断地产生燃料使反应堆持续。

　　20世纪70年代，大多数西方国家忽视了对钍的研究。后来，钍的支持者争取资金，重启了对所需技术的研究。钍要比铀丰富得多，它和铅一样常见。在遥远的未来，化石燃料和铀燃料耗尽之后，巨大的钍含量可以满足人类对能源的需求。另一个优势是，钍反应堆不会产生能够制造武器的裂变材料。尽管有这些潜在的好处，但2011年的一项研究显示，钍几乎不可能取代铀-235或钚-239成为首选的核燃料。

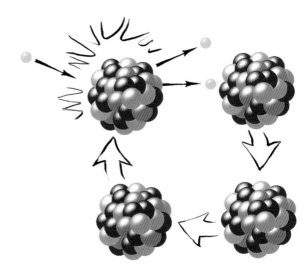

↑　在核燃料的循环中，丰富的钍-232（右上）以从铀裂变的铀-233中吸收一个中子，变成²³³Th，随后迅速衰变为镁-233；再过一个月衰变为理想的核燃料铀-233。铀-233再次衰变，释放能量（白色闪光）和中子（蓝色球体）并继续循环。

化学的奥秘

镤（Protactinium）
91

原子序数	91
原子量	231.0359
丰度	1.4×10^{-6}mg/kg
半径	180pm
熔点	1568℃
沸点	4027℃
构型	[Rn] $5f^2 6d^1 7s^2$
发现	1913 年，O. H. 格林和 K. 法扬斯

镤

在门捷列夫于 1871 年制作的元素周期表中，有一个地方缺了一块。门捷列夫预测，在钍和铀之间存在一种元素。根据当时的元素周期表，他预计该元素位于第 5 族，化学性质与钽相似。

铀-X

1899 年，英国科学家威廉·克鲁克斯爵士根据化学性质和钽相似的假设，从铀矿中提取了一小块高放射性的样品并将其结晶。但因样品量太少，他无法对存在的元素进行光

原子加速器

谱学鉴定。尽管如此，该元素的放射性在几个小时内就能曝光感光底片。克鲁克斯把这种未知的物质命名为"UrX"（铀 –X）。

Brevium（镁的旧名）

1913 年，德国的卡西米尔·法扬斯（Kasimir Fajans）和奥托·格林（Otto Gohring）使用类似方法提取出了一份样品，并确定该样品为一种新元素。该元素的半衰期只有 6.2 个小时，两人把这种元素命名为"brevium"。4 年多后，奥托·哈恩和莉泽·梅特纳使用另一种方法，从沥青铀矿中提取出了包含同一种元素的物质。现在我们知道，这种物质是镁最稳定的同位素，镁 –231，它的半衰期是 35000 年。

梅特纳和哈恩，作为存在时间最长的同位素的发现者，获得了为该元素命名的荣誉。他们把它命名为"protoactinium"（镁），因为该元素衰变时会形成"actinium"（锕）。1949 年，IUPAC 承认哈恩和梅特纳为镁的发现者，同时把该元素的名称简化为"protactinium"。

← 镁可以用来测定海底沉积物的年龄。地质学家通过计算钍和镁的放射性比率，来估算海底未受干扰的时间。

化学的奥秘

铀（Uranium）
92

原子序数	92
原子量	238.029
丰度	2.7mg/kg
半径	175pm
熔点	1132℃
沸点	4131℃
构型	[Rn] 5f^3 6d^1 7s^2
发现	1789 年，M. H. 克拉普罗特 （M.H. Klaproth）

铀

常见而有争议

铀是自然界中最重的元素，铀的同位素铀 –238 的存在时间很长，半衰期相当于地球的年龄——45 亿年。铀是一种坚硬的白色金属，在地球上的含量是银的 40 倍。铀的名字来源于天王星——这颗行星的发现比铀早几年。

雾蒙蒙的幸运

铀是科学界最著名的意外发现之一。一天晚上，法国物

原子加速器

理学家安托万·亨利·贝可勒尔（Antoine Henri Becquerel）在整理实验室时，把一些铀盐放在了还未曝光的感光底片上面。第二天早上，他发现感光底片变得雾蒙蒙的。他得出的结论是，底片上的盐释放出了一些看不见的能量射线：这是放射性存在的第一个证明。

核中的能量

铀是两种同位素的混合物：99.3% 的铀 –238 和仅有 0.7% 的铀 –235，这个比例也是核科学最感兴趣的地方。铀 –235 是可裂变的：被低能中子分裂的过程中，会产生更多的中子。因而铀 –235 能够维持链式反应，链式反应则是核反应堆和炸弹必不可少的过程。核反应堆中使用的铀通常是铀的氧化物，铀 –235 的含量要达到 3%。

铀浓缩是一个困难的过程，需要分离两个化学性质相同的非常重的同位素。目前，分离铀最常用的方法是使用气体离心机分离六氟化铀（UF_6）。打一个比方，不断地摇晃一个包装袋，由于重力的作用，袋子里较重的水果最终会落到较轻的谷物下面，同理，高速旋转时，较重的 $^{238}UF_6$ 会沉到 $^{235}UF_6$ 下面。

非核用途

铀有许多不同的氧化态，这让铀化合物呈现出各种鲜艳的颜色。自罗马时代起，铀就用来给玻璃染色；现在，铀也用来染色木材、皮

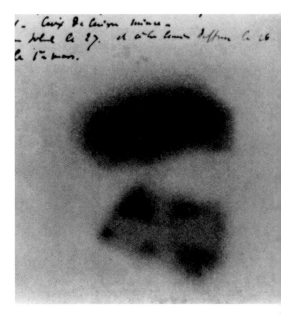

↑ 这张照片让安托万·亨利·贝可勒尔在 1896 年发现了放射性物质。这些深色的斑点表明，尽管底片放在黑暗的抽屉中，但是铀盐释放出了一些未知辐射，底片就暴露在这些辐射之下。贝可勒尔因为这一发现，于 1903 年获得了诺贝尔物理学奖。

革和釉面陶瓷。

贫铀矿的铀-235含量低于自然状态下的含量，约为0.2%，放射性降低40%。铀还是一种致密的重金属，可以用作压舱物和平衡物，保持船舶直立和飞机平衡。铀还可以用于制作穿甲武器、弹药以及盔甲。

↓ 弹药专家手中拿着的是105毫米的贫铀穿甲弹，此武器被用在M-1艾布拉姆斯主战坦克上。

镎（Neptunium）

93

原子序数	93
原子量	(237)
丰度	3×10^{-12} mg/kg
半径	175pm
熔点	644℃
沸点	4000℃
构型	$[Rn] 5f^4 6d^1 7s^2$
发现	1940 年，E. 麦克米伦和 P. H. 阿贝尔森

镎

1877 年，德国化学家 R. 赫尔曼（R. Hermann）在钽铁矿中发现了一种物质，他认为是新元素，并将其命名为镎，以纪念同样难以捉摸的海王星。1886 年，另一位德国化学家克雷门斯·温克勒发现了另一种元素，他最初想到的名字也是镎。当他发现这个名字已经被用了之后，决定用自己国家的名字把它命名为"germanium"（锗）。

找到自己的位置

19 世纪后期，人们发现，赫尔曼的"元素"实际上是

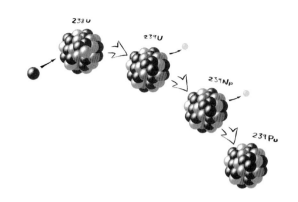

可裂变的钚–239被用作原子弹的燃料。在发现镎–239的过程中，研究者发现并制造出了钚–239。

钽和铌的合金，那个时候，温克勒命名的元素"锗"已经为人们所接受。1940年，美国的埃德温·麦克米伦（Edwin McMillan）和菲利普·阿贝尔森（Philip Abelson）发现了93号元素，它位于铀和钚之间。这两位物理学家用回旋粒子加速器内的中子轰击铀，创造出了这种元素。但在当时，他们并不知道自己发现了这种元素。而当时公开发表的论文，只是为了公开说明，如何克服原子弹制造过程中遇到的障碍。

制造出别的东西

麦克米伦和阿贝尔森发现，铀–238能够捕捉慢速移动的中子，形成铀-239，铀-239会发生β衰变，生成镎–239。镎–239同位素的寿命只有短短的2.4天，一半的镎会通过β衰变，形成钚-239。钚的这种同位素能够发生裂变，非常适合用来制造原子弹。通过类似的过程，镎的同位素镎-237也可以用来制造钚-238，而钚-238可以用来制造核电池。高能中子会分裂镎，因此镎可以探测高能中子——这也是镎的唯一用途。

钚（Plutonium）
94

原子序数	94
原子量	(244)
丰度	3×10^{-11}mg/kg
半径	175pm
熔点	639℃
沸点	3228℃
构型	[Rn] $5f^6\,7s^2$
发现	1940—1941 年，西博格（Seaborg）、沃尔（Wahl）、肯尼迪（Kennedy）和麦克米伦

钚

核弹心脏

　　1945 年 8 月 6 日和 9 日，"小男孩"和"胖子"原子弹在日本广岛和长崎上空爆炸，从此永远地改变了我们的世界。虽然"小男孩"使用的裂变铀 –235 同位素很难从铀 –238 中分离，但可以在核反应堆中生成钚 –239 同位素。

胖子

　　"胖子"重达 4 吨，但核心物质钚仅含 6.2 千克。这个球

→ "胖子"炸弹只引爆了 1.2 千克（20%）的钚，但仍导致日本长崎 4 万人丧生，80% 的城市建筑物被摧毁。

化学的奥

体原子弹低于临界状态，不会简单地就开始发生失控的爆炸连锁反应。当"胖子"周围的炸药爆炸时，金属球被压缩，使得原子更紧密地结合在一起，达到临界状态。为了确保发生链式反应，科学家把钋和铍混在一起作为引发源，向钚喷射中子。这种失控的连锁反应会导致爆炸，释放出巨大能量。

核废料

1940 年，人们发现可以轰击不可裂变的铀 -238，制造出钚 -239，这一发现让许多人设计出了核增殖反应堆。这些反应堆类似今天核电站里的核反应堆，但它们只生产用于制造炸弹的钚。尽管钚和铀的化学成分很相似，但和铀的两种同位素相比，钚更容易从使用过的核燃料中分离出来。

核废料中大约有 1% 是钚，我们可以通过普雷克斯（PUREX）处理流程分离出来；在民用的核反应堆中，每年用这种方法大约能提取出 2 吨的钚。钚在"冷战"期间扩散尤为快，当时美国和苏联分别提炼了 103 吨和 170 吨钚。据估计，目前地球上约有 500 吨的精炼钚和武器级钚。

更糟糕的情况

核聚变炸弹也许是钚最为可怕的用途。核聚变会把较轻的元素变为较重的元素，释放出约 1000 倍的能量，从而造成巨大的破坏。钚裂变产生的能量用来加热和压缩氢的重同位素，这种状态通常在恒星内部才会出现。到目前为止，这些"氢弹"只用于实验，从未用于战争。

尿液和钚

在第二次世界大战最激烈的时期，加州洛斯阿拉莫斯实验室的科学家们成立了 UPPu 俱乐部。参与曼哈顿核弹研发

↑ 美国宇航局"好奇号"（Curiosity）漫游车的合成图像，当时它在火星表面的岩石巢穴——位于夏普山的山底。火星上的夜晚十分寒冷，"好奇号"靠钚电池保暖。

化学的奥秘

项目的人员必须定期处理钚，因此不可避免地会发生一些事故。钚完全是人造的且没有已知的生物作用，如果进入人体，会在体内滞留很长时间。工人们体检时发现，他们的尿液中总是含有微量的钚；因此，该俱乐部就命名为"You-pee-Pu"（意为"你尿出了钚"，缩写成 UPPu）。据报道，在战争结束 50 年后，一位工人的体内还能检测到少量的放射性钚。这位工人很幸运，因为钚不仅具有放射性，还是一种有毒的重金属——几百微克就足以致命。

事故与回收

战争期间，英国无线电化学家阿尔菲·马多克斯（Alfie Maddox）把当时英国所有的钚样品——只有大约 10 毫克——全部弄洒了。于是，他抓起一把锯子，把洒上钚的桌角锯掉，然后烧掉，又小心翼翼地从灰烬中提取出钚。最终，他成功地回收了 9.5 毫克的原样品，研究得以继续。

把"钚"用在积极的方面

人类也积极地利用钚的放射性，探索太阳系及系外地区。放射性的钚电池既能提供电力，又能提供热量，已经在各种不同的太空任务中得到使用。目前，正在探测火星的"好奇号"探测车和"新视野号"项目（New Horizons Project）的能量均由钚提供。

钚的简介

钚是一种非常有趣的材料，它同时存在于几种硬度不同的同素异形体中，因此很难切割加工。钚经过长时间放置就会裂开，因为钚衰变会产生氦气，让钚金属变得多孔。钚和铀类似，有着丰富的化学性质。

镅（Americium）
95

原子序数	95
原子量	(243)
丰度	0mg/kg
半径	175pm
熔点	1176℃
沸点	2607℃
构型	[Rn] 5f^7 7s^2
发现	1944 年，西博格、詹姆斯、摩根（Morgan）和吉奥索（Ghiorso）

镅

1944 年，芝加哥大学的格伦·T. 西博格（Glenn T. Seaborg）和同事在为"曼哈顿计划"工作时，发现了 95 号元素。然而，因为该计划的保密要求，这一发现直到 1945 年 11 月才得以公布。同盟国不希望任何人知道他们在核物理领域取得的进展。

历尽艰难

西博格的团队历经艰难，对核废料进行了处理，包括净化、燃烧，把核废料溶解在酸中以及在回旋加速器中用粒

→ 把镅从放射性废料中分离出来，需要经过非常复杂的处理过程，这让科学家陷入忙碌中。

子轰击。所以，他们开玩笑般地建议把新发现的元素叫作 *pandemonium*，这个词来自希腊语，意为"所有的苦难"。最终，这个元素被放在了铕的下面，并用其所在的大陆命名：Americium（镅）。

有烟吗？

镅是唯一可能在我们的家里存在的超铀元素。在烟雾探测器中，有 1μg 的镅同位素镅 –241——它会衰变为 α 辐射。α 粒子能够剥离空气中原子的电子，如果收集到这些电子，就会产生微小的电荷流动。α 衰变产生电流时，不会有任何报警声。如果烟雾粒子进入探测器，它们会很容易地吸收 α 辐射。α 粒子就会停止剥离周围空气中的电子，导致电流下降，从而引发警报。

替代品？

由于钚受到严格的管制，欧洲航天局（ESA）正考虑把镅作为核电池的替代能源。镅能从核废料中提取，每吨核废料仅含 1 克镅。

锔（Curium）
96

原子序数	96
原子量	(247)
丰度	0mg/kg
半径	无数据
熔点	1340℃
沸点	3110℃
构型	[Rn] 5f^7 6d^1 7s^2
发现	1944 年，西博格、詹姆斯和吉奥索

锔

居里夫妇在科学家名人堂里占有一席之地，人们便用他们的名字命名了 96 号放射性元素。

危险的能源

96 号元素有极强的放射性，所有同位素的半衰期都很短，因此会释放出大量能量。人们可以用来自镅和钚的能量发电，但难以用锔来发电，因为锔释放的高能 γ 射线很难处理。锔唯一的用途就是提供 α 粒子，作为探针，分析火星的土壤成分。火星探测车携带了一种仪器，叫作 α 粒子

化学的奥秘

光谱仪，用来确定这颗红色的星球是由什么构成的。

居里夫妇

玛丽亚·斯克托多斯卡（Maria Sktodowska）从波兰移居到了法国，于 1893 年在巴黎获得了物理学学位。当玛丽亚在为她的研究寻找实验室时，她遇到了皮埃尔·居里。两人立刻就找到了共同的兴趣。不久，皮埃尔就向她求婚了。

居里夫妇在 1895 年结婚，随后，玛丽（她的法国朋友都这样叫她）受到亨利·贝可勒尔发现的铀射线的启发，开始研究铀射线。玛丽用皮埃尔的静电计证明，铀辐射能让周围的空气导电。玛丽假设，不管铀发射的是什么物质，这种物质一定来自元素的原子内部。

发现

1898 年初，玛丽认为沥青铀矿和铜矿中含有新的放射性元素。居里夫妇处理了数吨沥青铀矿，终于在 7 月和 12 月发表了有关钋和镭的文章。

↑ 皮埃尔·居里和玛丽·居里于 1895 年结婚，同年，他们拍摄了这张照片。

铍（Berkelium）
97

原子序数	97
原子量	(247)
丰度	0mg/kg
半径	无数据
熔点	986℃
沸点	2627℃
构型	$[Rn]\,5f^9\,7s^2$
发现	1949 年，汤普森、吉奥索、西博格

铍

最初，铍是用粒子加速器合成的，合成的量非常之少。在核弹爆炸的沉降物中，也有极少的铍。格伦·T. 西博格、阿尔伯特·吉奥索（Albert Ghiorso）和斯坦利·G. 汤普森（Stanley G. Thompson）只能通过 97 号元素发出的光谱来识别该元素。

对新发现的锕系元素的命名，遵循了之前镧系元素一样的规则：铽以它的发现地伊特比命名，而 97 号元素是在加州大学伯克利分校（University of California, Berkeley）发现的，最终被命名为"berkelium"（铍）。但是，几乎同时被发现的 98 号元素并没有沿袭这个传统，只是简单地被命名为"californium"（锎）。

化学的奥秘

Cf

锎（Californium）
98

原子序数	98
原子量	(251)
丰度	0mg/kg
半径	无数据
熔点	900℃
沸点	1470℃
构型	[Rn] 5f^{10} 7s^2
发现	1950年，汤普森、史翠特（Street）、吉奥索和西博格

锎

加州大学伯克利分校的实验室同时发现了锎，并以学校所在地——美国加利福尼亚州（California）来命名。锎能得到应用，主要是因为它会释放出中子；每微克新生成的锎-252每秒释放的中子超过230万个。

通过观察中子穿过材料时的散射情况，可以确定材料的组成。利用这一原理，锎可用于石油、水和贵金属的勘探。类似的中子断层扫描技术可以扫描世界各地机场的飞机，寻找飞机金属结构中可能存在的弱点或金属疲劳，从而为飞机提供安全保障。

在核反应堆中，引发裂变材料的链式反应也需要中子，而锎就能提供这种引子。锎也被用作轰击的靶子，用较轻的元素轰击锎，能够产生周期表最后一行的103号和118号元素。

一位农民在使用一个基于锎的中子探测器来测定土壤的含水量。

原子加速器

名人堂

科学家和研究机构永垂不朽

　　本书论述的主要是化学领域，但是对重元素的理解和发现更多要归功于物理学。20 世纪初，比利时工业家欧内斯特·索尔维（Ernest Solvay）创立了索尔维会议（Solvay Conferences），把当时最优秀的科学家们都会聚在了一起。在这里，他们可以畅谈所有的科学与技术，每次索尔维会议都有一个独特的议题，其中 1927 年以"电子和光子"为主题的会议最为著名，它为新兴的量子理论奠定了基础。

↓　这张照片拍摄于 1933 年的索尔维会议，照片上的人物中至少有 6 位科学家的名字进入了元素周期表中。

化学的奥秘

1933 年，索尔维会议聚焦于"原子核的结构和性质"。在与会者中，至少有 6 名科学家的名字被用于为元素命名。阿尔伯特·爱因斯坦（以"Albert Einstein"命名了"einsteinium"，锿）没在照片上，但坐在桌子旁的有尼尔斯·玻尔（以"Niels Bohr"命名了 107 号元素"bohrium"，𬭛）、玛丽·居里（以"Marie Curie"命名了 96 号元素"curium"，锔）、欧内斯特·卢瑟福（以"Ernest Rutherford"命名了 104 号元素"rutherfordium"，𬬻）和莉泽·梅特纳（以"Lise Meitner"命名了 109 号元素"meitnerium"，鿏）。他们身后的是恩里科·费米（以"Enrico Fermi"命名了 100 号元素"fermium"，镄）和欧内斯特·劳伦斯（以"Ernest Lawrence"命名了 103 号元素"lawrencium"，铹）。这张照片包含了最多的以其名字命名元素的科学家。

超重的人造元素

超重元素的数量极少，它们都是在粒子加速器中制造出来的人造元素，目前没有实际用途，只能从理论上预测它们的化学性质。在粒子加速器中的离子，轰击目标之前的速度可达光速的几分之一。只要有耐心，再加上一点点运气，科学家就能瞥见这些新元素的一小部分原子。这些原子的原子核非常不稳定，只能短暂地存在一段时间，然后会再次衰变为较轻的元素。几乎没有时间去观测它们的任何化学反应。无论存在的时间多么短暂，对超重元素的

观测已经显示出量子物理学在预测元素性质方面的强大力量。根据此前较轻的元素命名的先例，新发现的元素一般以地点、机构或著名科学家的名字命名。由于对这些元素的属性知之甚少，在本章中，我们主要关注给这些元素命名的科学家和研究机构，以及关于元素本身的一些珍贵传闻。

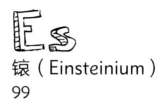

锿（Einsteinium）
99

和许多超重元素一样，99 号元素锿最初是地球上的热核氢弹爆炸后形成的，但从那以后，锿就能在粒子加速器中产生了。像锿这样相对较轻的超重元素，实际上只能用来合成其他超重元素或作为固定的目标，让较轻的离子进行高能轰击。爱因斯坦对亚原子粒子的早期认识和量子理论的发展作出了贡献，因此用他的名字来为一种元素命名以示对他的永恒纪念。此外，爱因斯坦提出了狭义相对论，让我们能够解释原子的原子量增大时，其化学行为的变化。重原子内部 1s 层的电子的运动速度接近光速，这时候就不能忽视相对论的影响。结果就是，原子核周围电子的能量水平发生变化，导致了电子在化学性质上的差异，以及吸收和发射光的不同，并因为相对论效应呈金黄色、钴蓝色

和铜橙色。镄的存在时间足够长，可以形成化合物。镄和硝酸反应，会生成硝酸乙酯，燃烧硝酸乙酯就能生成氧化乙酯，还会形成卤化镄矿，如氯化镄矿和氟化镄矿。这些化合物展示出量子理论强大的预测力量，而爱因斯坦正是其初创者。

Fm

镄（Fermium）
100

意大利物理学家恩里科·费米被称为"核时代的建筑师"。费米是第一个观察到人工放射性物质的人，尽管他最初用中子轰击钍和铀时，以为自己发现了新的超铀元素。1938年，德国的新闻报道了奥托·哈恩和弗里茨·施特拉斯曼的一项实验，该实验表明，铀受到中子轰击时，会形成较轻的元素钡和其他元素。流亡在外的德国犹太科学家莉泽·梅特纳和奥托·弗里施（Otto Frisch）认出这是铀原子分裂，形成了较轻的元素——这个过程今天被称为裂变。第二次世界大战期间，法西斯分子控制欧洲不久，费米就移居美国，加入了美国制造第一颗原子弹的"曼哈顿计划"。他同其他逃难美国的欧洲物理学家一起，在芝加哥大学足球场下面的壁球场，建造了世界上第一座核反应堆。他的研究大大地加快了同盟国研制原子弹的步伐，正是在原子弹爆炸的余波中，首次生成了100号元素。

↑ 阿尔伯特·爱因斯坦也许是科学界最知名的人物，他为我们对原子的理解作出了巨大的贡献。

化学的奥秘

钔（Mendelevium）
101

德米特里·门捷列夫是现代元素周期表的创始人。据说他在俄国政府工作时，就定义了标准度量衡。除此之外，他还把伏特加的标准酒精浓度定为40%。1955年，美国劳伦斯伯克利国家实验室（Lawrence Berkeley National Lab）用 α 粒子轰击较轻的锿，首次产生了101号元素。如今，这种元素主要由氩离子轰击铋生成。

锘（Nobelium）
102

阿尔弗雷德·诺贝尔（Alfred Nobel）是瑞典的工业化学家，靠制造和销售炸药发家。早期的炸药是碳和氮的化合物，十分不稳定且易点燃，会引发失控的连锁反应。这种炸药能很快把少量固体变为大量热气体，经常会炸掉造炸药的人的胳膊或腿。诺贝尔发现，可以把这些化合物分散到惰性、不活泼的物质上，这意味着只有在使用雷管时，它们才会被点燃。这使安全处理爆炸物成为可能，也促进了铁路的建

↑ 诺贝尔奖牌上刻有化学家阿尔弗雷德·诺贝尔的半身图像。实际上，102号元素的名称与诺贝尔研究所有关，是诺贝尔研究所发现了许多元素，而非诺贝尔本人。

设和战争武器的进步。诺贝尔靠这项技术也赚了很多钱，他在斯德哥尔摩建立了一个研究机构。1957年，这里的研究团队首次发现了102号元素。他们用放射性同位素碳-13轰击锔元素，制造出了102号元素。

然而，美国和俄罗斯的研究团体都无法重复这个实验，因此引发了多年的争议。尽管位于俄罗斯杜布纳（Dubna）的联合核研究所（JINR）首次制造出了元素实体，IUPAC还是决定把该元素的冠名权授予诺贝尔研究所。诺贝尔去世后，根据他的遗嘱成立了基金会，奖励那些在科学领域及世界和平方面取得巨大进步的人。诺贝尔奖的评选，就像

102 号元素的冠名权一样充满争议——特别是完全忽视了许多女性的贡献，比如莉泽·梅特纳。

铹（Lawrencium）
103

　　欧内斯特·劳伦斯在加州大学伯克利分校成功地制造出一台 60 英寸的加速器。这台机器不仅发现了新元素，还发现了已知元素的数百种新同位素。后来，为了纪念劳伦斯，人们把这个实验室命名为"劳伦斯伯克利国家实验室"。1961 年，人们在这里首次发现了 103 号元素：阿尔伯特·吉奥索和他的团队使用硼同位素轰击含有不同锎同位素的目标。同期，俄罗斯杜布纳的研究团队也宣称，他们使用氧离子轰击锔。因此，在整个"冷战"期间，103 号元素的命名一直争论不休。IUPAC 把冠名权授予了美国的研究团队，但在 1997 年，IUPAC 正式承认杜布纳的俄罗斯团队为 103 号元素的共同发现者。

铲（Rutherfordium）
104

　　欧内斯特·卢瑟福出生于新西兰，对原子核和质子的发现作出了贡献。卢瑟福爵士的声音低沉洪亮，这常常让学生们非常恼火——他们在实验室

↑　新西兰人欧内斯特·卢瑟福是原子和亚原子物理学领域的巨擘，他培养了很多优秀的科学家。

化学的奥秘

里张贴了一条告示，要求每个人说话都要小声。

卢瑟福的职业理念和大多数学者截然不同，也还总是把自己的理念强加给学生。虽然大多数学者都让学生们全天工作，但卢瑟福不允许他的学生下午6点以后在实验室工作。到了下午6点，也要求实验室技术员把所有设备关掉，确保停止工作。这种做法一定是有价值的，他有11位学生在学术生涯中获得了诺贝尔奖，创下了纪录。1964年，俄罗斯杜布纳JINR的研究团队用氖离子轰击锔，发现了𬭊元素。

𬭊（Dubnium）
105

俄罗斯杜布纳的JINR有点像一个元素工厂。那里的科学家总是会发现或者共同发现并证实了元素周期表上的人造超重元素。在"冷战"期间，有一些关于元素发现的争论。1968年，JINR团队发表了一项研究成果，在氖离子与镅的碰撞中发现了一种元素；同期，加州大学伯克利分校的一个团队宣称：氮离子与锎碰撞后会产生同样的元素。关于元素发现权和命名权的争论达到了高潮。20世纪90年代，IUPAC和美国、俄罗斯、欧洲的工作团队磋商，最终在1997年，将105号元素正式命名为"dubnium"（𬭊）。

𬭳（Seaborgium）
106

格伦·T. 西博格在加州劳伦斯伯克利国家实验室工作的时候，你可以给他写一封信——信封上写着下面的元素名称或化学符号就能寄到：

西博格	Sg
铹，锫	Lr，Bk
锎	Cf
镅	Am

很讽刺的是，在这五种元素中，唯独𬭳（seaborgium）是以他的名字命名的，但西博格没有直接参与𬭳的发现。该元素是由杜布纳JINR的研究人员，以及劳伦斯伯克利实验室的另一个物理学家团队于1974年共同发现的。

IUPAC最初建议把这种元素命名为"rutherfordium"，因为已约定不能以在世科学家的名字命名元素。有化学家们质疑，爱因斯坦在世时，有以他的名字命名的元素。IUPAC不得不重新研究了这个问题。1997年，人们对104—108号元素进行了重新命名：106号元素命名为"seaborgium"，"rutherfordium"则分配给了104号元素。

铍（Bohrium）
107

铍是在"冷"核聚变条件下制造的第一种元素，在这种条件下，轰击目标的离子的能量相对较低。在铍的发现中，使用了低能量铬离子轰击铋。1976年，杜布纳的科学家首次宣布了这一发现。他们最初把这种元素命名为"neilsbohrium"，符号为 Ns。IUPAC 对他们的发现持怀疑态度，更认可 1981 年德国科学家在达姆施塔特的亥姆霍兹重离子研究中心（Gesellschaft fur Schwerionenforschung，GSI）实验室的发现。GSI 团队为了致谢 JINR 科学家所做的开创性工作，选择了对方最初建议的命名。1992 年，IUPAC 把元素的名称简化为"bohrium"，符号变为 Bh。

镖（Hassium）
108

据官方说法，108 号元素是 1984 年在达姆施塔特的 GSI 实验室发现的。实验室的名字翻译过来就是重离子研究所，位于德国的黑塞（Hesse），该元素也因此得名"hassium"。镖元素由铁离子轰击铅而生成。虽然镖同位素的半衰期只有几秒钟，但已经足够进行一些化学反应了。镖在铍的正下方，这表明镖可能有一些有趣的性质。科学家们让少量镖通过氧气，制造出了四氧化二镖这种化合物。它不像四氧化铍那么容易挥发，这说明镖的熔点可能比铍高。但是，这一切都取决于镖原子之间相互作用的强度，而我们并不了解镖，因为制造它需要几千万个原子。

↑ 格伦·T. 西博格手里拿着一个天平，首次为他和别人共同发现的钚元素称重。

镁（Meitnerium）
109

镁元素让我们永远地记住了莉泽·梅特纳——她和奥托·哈恩共同发现了镤。他们在放射性领域也发挥了重要作用：1938 年，他们发现，自然衰变产生的新元素会裂变为钍和钡。哈恩在这项工作中的贡献得到认可并于 1944 年获得了诺贝尔化学奖，梅特纳却完全被忽视了。1982 年，达姆施塔特的 GSI 正式发现了 109 号元素——铁离子与铋靶碰撞产生。1994 年，他们向 IUPAC 提议将 109 号元素命名为"Meitnerium"，以对梅特纳的工作表示认可。镁是表中唯一一个用非神话女性命名的元素（锔是以玛丽和皮埃尔的名字命名的）。

钛（Darmstadtium）
110

多种超重元素的名字都是根据全球主要的重元素实验室命名的。德国达姆施塔特的 GSI 发现了六种超重元素：𬭛（Bh）、𬭳（Hs）、镁（Mt）、钛（Ds）、轮（Rg）和鿔（Cn）。110 号元素是以 GSI 研究所所在的城镇命名的，它由高能镍离子轰击铅靶熔合生成。

威廉·伦琴开创性地进行了电磁学实验并发现了 X 射线，人们用他的名字给 111 号元素命名，以示纪念。

轮（Roentgenium）
111

1994 年，GSI 发现了 111 号元素，以德国物理学家威廉·伦琴（Wilhelm Roentgen）的名字命名。1901 年，伦琴因 X 射线的研究获得了首个诺贝尔物理学奖；1895 年，他进行电磁学实验时，第一次生成了可探测到的 X 射线。轮是由镍离子轰击铋靶后形成的。

锔（Copernicium）
112

该元素以波兰天文学家尼古拉·哥白尼（Nicolaus Copernicus）的名字命名，他提出了地球绕太阳运行（日心说）并引发了科学革命——标志着人类用科学知识认识自然的重大进步。

首次提出这个名字时，人们普遍不喜欢把Cp作为该元素的符号。多年来，有机化学家一直使用 Cp 作为环戊二烯离子（$C_5H_4^-$）的简写，这在有机金属化学中十分重要。早在 20 世纪 5□年代，德国科学家也使用了同样的符号，他□把 71 号元素称为"cassiopium"（Cp），即现□的"lutetium"（镥）。随着文献数字化和搜索□动化的发展，这个符号引起了内容混淆。IUPA□经过一段时间的考虑，决定把 112 号元素的□号定为 Cn。Cn 于 1996 年首次在 GSI 由锌离□轰击铅靶后合成。

↑ 尼古拉·哥白尼（1473—1543），波兰天文学家，他设计了以太阳为中心——即地球和其他行星围绕太阳运行的宇宙模型。

钚（Nihonium）
113

最重的那些元素往往只是用少量几个原□确认的。重元素原子存在的时间十分短暂，□以通过测量放射性衰变链中产生的子元素来□认它们的存在。众所周知，钚衰变会形成锓——113 号元素的发现和识别就依赖这个关键阶段□2003 年 8 月，美俄合作下的利弗莫尔国家实□室（Livermore National Lab）和杜布纳的 JINR □同宣布发现了该元素，但他们并不是十分确□是否能够在关键阶段中识别出该元素。

2015 年 12 月，该元素的发现权被认为□日本理化学研究所（RIKEN）。2005 年 4 月□2012 年 8 月，该研究所进行了多次重复实验□进一步证实了他们于 2003 年 7 月发现了 113 □

素的存在。他们用几万亿个锌离子轰击铋靶，每次只能创造出一个 113 号元素的原子，但他们能够确定，该元素的衰变链为：

$$^{278}\text{Nh} \rightarrow {}^{274}\text{Rg} + \alpha \rightarrow {}^{270}\text{Mt} + \alpha \rightarrow {}^{266}\text{Bh} + \alpha$$
$$\rightarrow {}^{262}\text{Db} + \alpha \rightarrow {}^{258}\text{Lr} + \alpha \rightarrow {}^{254}\text{Md} + \alpha$$

113 号元素是第一个，也是唯一一个被日本乃至亚洲科学家命名的元素。日本理化学研究所于 2016 年 6 月宣布，建议将该元素命名为"nihonium"，以纪念它是在日本发现的，因为 Nihon 是日语中"日本"的一种说法，字面意思是"太阳升起的地方"。5 个月后，在 2016 年 11 月 28 日，国际纯粹与应用化学联合会批准使用该名称。笔者对最终采用这个名称感到很满意，因为这样一来该元素的符号就是 Nh；而另一个候选名字 Japonium，缩写后符号就会是 Jp，这样就会破坏一个小小的但有趣的事实——字母 J 是罗马字母表中唯一没有出现在元素周期表中的字母。

夫（Flerovium）
14

1998 年 12 月，杜布纳的 JINR 用钙离子轰击钚靶后，首次生成 114 号元素的单原子。然而，重复实验无法得到同样的结果。1999 年 3 月，科学家改用较轻的钚 –242 同位素替代钚 –244 作为靶子轰击，发现了类似反应的迹象。1999 年 6 月，JINR 的科学家重复了 1998 年的实验，此次结果与 3 月份别无二致。

2012 年 5 月 30 日，IUPAC 正式确定以 JINR 的创始人格奥尔基·弗廖罗夫（Georgy Flyorov）的名字为 114 号元素命名。该元素发现之初，弗廖罗夫还健在人世，但正式宣布 114 号元素的命名之前，他就不幸去世了。

↑ 格奥尔基·弗廖罗夫是苏联原子弹研发的主要支持者，也是核反应实验室的主任——该实验室曾发现了大量超铀元素。

名人堂

镆（Moscovium）
115

美国劳伦斯利弗莫尔国家实验室与俄罗斯杜布纳实验室共同发现了 115 号元素：杜布纳实验室使用加速器把钙离子发射到利弗莫尔实验室提供的镅靶中。

利弗莫尔实验室成立于"冷战"时期，主要负责开发核战争技术。讽刺的是，它给俄罗斯的杜布纳实验室制造、净化放射性重元素。

现在我们知道，115 号元素先通过 α 衰变形成钦，然后沿着与 113 号元素相同的衰变链继续衰变。2013 年 8 月，德国的 GSI 证实了这一元素的发现。俄罗斯联合核研究所的科学家被授予 115 号元素的命名权，这一名字的确立是为了纪念俄罗斯首都莫斯科。2016 年 11 月 28 日，国际纯粹和应用化学联合会通过了 113 号、117 号和 118 号元素的命名。

鉝（Livermorium）
116

116 号元素的名字源自劳伦斯利弗莫尔实验室，但该元素是在俄罗斯的杜布纳实验室发现的。在美国橡树岭国家实验室的核反应堆中先是产生了锔，然后由劳伦斯利弗莫尔国家实验室制备好锔元素，再把它送往俄罗斯的杜布纳实验室，用钙原子轰击，创造出了 116 号元素。美俄之间通过合作弥合了政治分歧，这和"冷战"期间两国成立这两个实验室的初衷完全相悖。

鿬（Tennessine）
117

该元素是美俄合作的另一个成果，橡树岭国家实验室和杜布纳实验室参与了此次合作。橡树岭团队把锫靶提供给杜布纳团队，后者用钙离子轰击锫靶。使用钙这样的轻元素离子是因为较大的离子更有可能消灭轰击目标，而不能与之融合形成新元素。这说明这种方式制造出的元素可能存在实际的物理限制。

2010 年 1 月，研究者又宣布发现了一个新元素，至此，元素周期表上的最后一个元素也成功地合成了。由于对称性的原因，原子序数为奇数的元素不如为偶数的元素稳定。核子（质子和中子）数目为偶数的元素，可能会产生更多的构型，从而形成更稳定、能量更低的原子核。

← 美国、德国、俄罗斯和日本的实验室发现了所有的超重元素。𬬻是日本发现的第一个元素，也是亚洲正式发现的第一个元素。

↓ 下图展示的是科学家不断发现的越来越重的元素。

发现反式铀元素的时间表

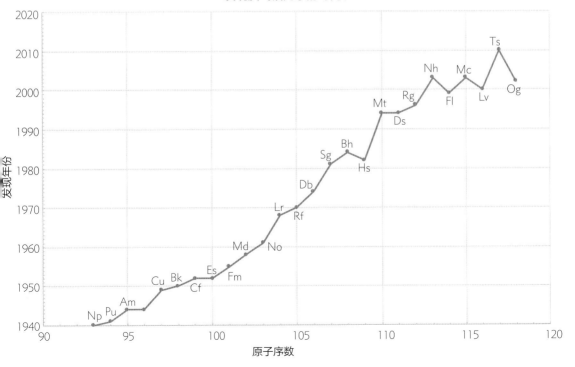

鿫（Oganesson）
118

2016 年，元素周期表上最后一个元素终于出现了。鿫元素有一个完整的电子层，但由于相对论效应和该元素的绝对尺寸，它的行为可能与其他惰性气体极不相同。劳伦斯利弗莫尔国家实验室和杜布纳实验室合作，创造了三个 118 号元素的原子：一个创造于 2002 年，另外两个创造于 2005 年。2006 年 10 月，他们宣布了该元素的发现——由无数的氪离子轰击铅靶产生。为了证明他们观察到的元素，科学家必须先让元素经过 α 衰变变为铁，再在随后的衰变链中观察。要做到这一点，必须先得到 116 号元素的更多数据，测量衰变特征，然后证明 2002 年和 2005 年观察的额外衰变是由 118 号元素引起的。

在杜布纳实验室和橡树岭国家实验室的合作下，实验成功了，IUPAC 正式认可了这些元素的发现，并授权美俄团队为 115—117 号元素命名。

未来元素

15 世纪，欧洲的探险家们已然掌握了几何学和天文学知识，他们借用天上的群星导航，驾船环游世界，寻找新大陆。21 世纪，现代的元素探险者也在做着类似的事情。

电磁力

电磁力会排斥电荷或磁场的极性相同的粒子。把一块磁铁的北极和另一块磁铁的北极放到一块，它们就会互相推开。带电粒子也是如此。它们之间的距离越近，推力就越大，但是如果设备足够灵敏，无论电荷之间的距离多远，都能测量到它们之间的相互作用力。电磁力的作用范围可以是无限的。这表明原子核中的每一个质子，无论它们的位置如何，

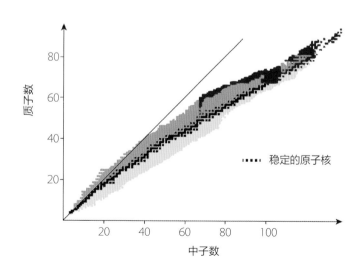

都在推动对方。对立的质子之间的斥力要比并排的质子之间的斥力小，但仍然存在。每加入一个质子，每个质子感受到的总斥力就会增加。

↑ 科学家现在正从稳定元素岛屿的海岸起航，⬚找下一个岛屿。在这块新陆地的中心，是 12⬚号元素，人们认为它足够稳定，存在的时间⬚足够长，因而可以被探测到。

强相互作用力

尽管质子之间有相互的斥力，但是由于强相互作用力的存在，它们仍然能紧紧地挤在原子核中。强相互作用力是一种引力，不仅作用于质子，还作用于中子，能够把质子和中子拉到一起。与反作用力电磁力不同，强磁力的作用范围有限，只能直接作用于相邻的质子或中子。但强相互作用力要比电磁力强得多，因而质子就无法远离对方了。然而，由于强相互作用力的范围很小，所以加入更多的质子或中子后，

化学的奥⬚

强相互作用力并不会增大，而是保持恒定。

不稳定

一定会出现这样一种情况：原子核中的质子太多了，不断增大的电磁力能够克服强大但恒定的强相互作用力。这样的原子核是不稳定的，会失去一些质子和中子，形成更轻的原子核；在后来生成的原子核中，强相互作用力会重新占主导地位。这就是核衰变，通常通过 α 衰变，射出一个氦核；或通过裂变，射出一个较重的稳定原子核。

同位素的半衰期是半数的原子衰变所经历的平均时间。它是直接测量同位素不稳定性的一种方法；同位素的半衰期越短，就越不稳定。稳定的原子核有无限长的半衰期。电磁力能够增加，而强相互作用力则保持恒定，这说明原子的原子量越大，它的半衰期就越短。这种模式呈现的是指数级的下降，所以任何新元素的半衰期都可能在十亿分之一秒内，这让识别这些元素非常困难。

必要的中子

中子的电荷为零，可以加到原子核中，而不会改变元素的性质。中子存在的原因是，它们能把质子分开一点，减小排斥的电磁力，而增大强相互作用力。随着元素越来越重，质子的数量也越来越多，向外的推力也越大，因此中子数量就增多了。

很难用较轻的原子核制造中子数丰富的同位素，因为原子核的质子数和中子数的比例往往是一比一。因此，在已经发现的重元素里，原子量在 100 以上而中子数不足的同位素，半衰期非常短，十分接近以指数级减少的预测值。

稳定

我们讨论氧时说过，有完整的质子和中子核层的原子核，比不完整核层的原子核更稳定。双幻原了核往往比上文中的简单模型预测的存活时间要长一半。拥有质子和中子层全部填满的原子核叫作双幻核，比它们周围的同位素要稳定许多倍。科学家为了创造可以观测到的重核，正在预测超重的双幻核的性质。

预测元素

要预测稳定的重元素，就要深入了解目前已知最重的元素。20 世纪 60 年代的研究表明，钛 –298 同位素是双幻核，其半衰期只有几分钟，而不是几微秒，因此钛受到了特别关注。如果钛 –298 存在的话，它就是稳定元素岛屿的中心，而周围，就是不稳定原子的海洋。

目前的粒子加速器无法合成钛 –298，因为没有合适的靶原子和轰击原子，组合出所需的 184 个中子。有人提出了一些方法来提供所需的中子，人工制造富含中子的放射性同位素并进行碰撞，或进行受控核爆炸。

下一个元素

迄今为止，缺乏中子的重同位素的半衰期，为发现新元素提供了最清晰的指示。科学家预测，下一个质子层全充满的原子核是 122 号元素 Unbibium（Ubb）。其同位素 306Ubb 将具有双重魔力，但它需要新的方法来创造这样一个富含中子的原子。尽管这样，世界各地的实验室仍然在继续尝试，创造 120 号及以上元素的缺少一些中子的同位素，这些同位素位于另一个稳定元素之岛的海岸上，还是可能预测到同位素的存活时间的。

↑　超重原子核的内部电子和反物质的正电子配对，从而失去能量。正电子就从原子中射出，电子再坠入原子核。

化学的奥秘

↑ 美国诺贝尔奖得主物理学家理查德·费曼解释了电子和质子如何通过电磁力相互作用，从而预测了可能存在的最大原子。

捕捉并加速

似乎只要有耐心改进元素，就可以永远往元素周期表中添加元素，但原子的大小是存在物理极限的。较大的原子含有的质子更多，原子核带的正电也越多。高电荷会吸引轨道上的电子，让电子和原子核结合得更加紧密。量子不确定性原理指出，如果我们知道如何发现电子的位置，就很难同时知道它的速度。

结果就是，盛放电子的容器越小，它就移动得越快。紧密结合的电子被限制在很小的区域，所以它们的速度非常快。如果把一个电子的区域限制得足够小，那么它的运动速度就会接近光速。

比光还快吗？

那么在某个点，电子的速度有可能就会超过光速，但我们都知道这是不可能的，电子反而会找到失去能量的方式，让自己的速度慢下来。电子要失去能量，可以创造出成对的电子和反物质正电子。带负电的电子坠入原子核中被捕获，正电子就会加速离开原子。这个系统在物理上是不稳定的，如果实现了，时间也会很短，实际上是看不到的，因此也就不可能存在。用碳的同素异形体石墨烯模拟这种原子，就能够证明，这种不稳定性确实会导致原子发射正电子。

137 号元素（Feynmanium）

物理学家理查德·费曼（Richard Feynman）首先提出了该元素，他把该元素电磁力的精细结构常数联系起来，从某种程度上说，精细结构常数是一种分辨率的衡量，我们可以用它来观察自然。人们借此得到了一个近似值，即在 137 号元素（也就是一部分人所说的"feynmanium"）之后的原子，会发生分解。许多人对此表示认同，还用更详细的方法让预测更为有力。不过，考虑到亚原子粒子之间的所有相互作用，目前，人们估计 173 号左右的元素会发生分解。

结论

本书旨在讲述宇宙中每一种已知原子的广泛用途，以及有关它们的丰富故事。从炼金术时代以来，我们也许已经走了很长一段路，但对于不同原子之间相互作用的方式，以及可能形成的新化学物质，我们仍然有很多地方需要了解。人们已经证明，元素周期表是科学领域最强大的预测工具之一。通过发现和寻找模式，它把所有有关物质的问题都集中到了一张表上。科学家可以从周期表中读出更多的信息，就像一位英语学者通过阅读莎士比亚的作品所能领悟的内容那样。我希望，你们在读完这本书以后，也能看到世界上每间科学教室里都会挂着的那张表背后存在的让人惊叹的力量。

有一些元素人类已经使用了几个世纪，而另一些元素，直到现在，才在实验室外得以发现。现代化学家和材料科学家开始在实验室和计算机上进行一些实验。他们使用前人积累的大量理论知识来模拟各种化学反应。如今，可以同时进行成千上万个虚拟实验，不像当年那样，单位时间内化学家只能做一个实验。现在，当科学家对反应的成功有信心时，就可以把工作转移到实验室。这样的研究能够加速发现新化学物质和新材料的步伐，而这些新材料，具有各种新奇的用途。

科学似乎仍在加速发展，拓宽我们知识的边界，推向更远的地平线。元素周期表上的每一个元素都揭示了自然的结构。现在，我们每走一步，心里禁不住都会猜测，可能会有怎样令人激动的新发现，再次推动科学和社会的进步？

　　　　　　　　　　　　　　　　　　　化学的奥秘

致谢

　　希望本项目可以把我对化学科学的热爱传递给各个年龄段的读者。本书写作过程中，编辑人员给予了悉心的指导，让我十分感激，没有 SJG 出版社的编辑团队的努力，就无法实现我的这一愿望。

　　感谢我所有的朋友和家人，在本书的写作过程中，我深居简出，极少与他们闲谈，我要感谢他们给予我的理解。我要特别感谢我的妻子艾米丽，我们在 2016 年 8 月 5 日结婚。如果没有她耐心地陪伴我，鼓励我，爱着我，我为写书所付出的那些深夜和周末就会变得更加煎熬。如果不是为了写这本书，我们本可以拿出更多的时间筹办我俩的婚礼！

　　我还想在此纪念我的曾祖父比尔，他的全名是威廉曾祖父（比尔）·詹姆斯·霍利克，他于 2016 年 3 月 18 日去世，享年 94 岁。曾祖父，我把一则您的故事写进了书中，还附上了您的一张照片，在书的第 48 页，您看起来潇洒倜傥。

照片来源

The photographs on pages 3, 8, 9, 11, 15, 36, 42, 54, 56, 58, 83, 87, 101, 103, 105, 109, 111, 115, 117, 119, 123, 167, 171, 201, 202, 215, 217 (5 images), 227, 237, 245, 253, 264, 266, 271, 276, 278, 279, 283, 284, 289, 291, 294, 296, 298, 299, 300, 301, 303&309 are reproduced courtesy of the Science Photo Library.

Page 177 reproduced courtesy of Getty Images. Pages 39, 65 (2 images) ,67, 71, 80, 81, 85, 96, 97, 99, 125, 127, 136, 143, 149, 151, 153, 163, 165, 175, 188, 193, 195, 205, 208, 213, 221, 145, 239, 243, 247, 249, 257, 262, 273&295 are reproduced courtesy of Shutterstock.com. Pages 52ZeynelCebeci at English Language Wikipedia, 73 Rutgers University Libraries at English Language Wikipedia, 212Fonds Eugene Trutat at English Language Wikipedia, 292 Donald Cooksey at English Language Wikipedia are reproduced courtesy of Wikipedia Commons.

Pages 49&62 are reproduced courtesy of the author Ben Still.

图例来源

All diagrams and illustrations kindly provided by Jon Davis